생화학 실험

BIOCHEMISTRY EXPERIMENTS

부성희 · 조만호 · 이상원 · 김기영 · 구자춘 지음

 청문각

생화학 실험서를 발간하며

　　현대 생명과학은 축적된 지식과 기술의 발달로 하루가 다르게 발전하고 있으며, 발전 속도 또한 무섭게 가속화되고 있다. 과거 동·식물을 비롯한 모든 생명체의 행동 양식이나 표현 형질을 관찰하던 수준을 벗어난 것은 이미 오래된 옛날이야기가 되었으며, 이제는 생명 현상을 단일 분자 수준에서 규명하고, 분자들 간 그리고 현상들 간의 상호 관계를 통합적으로 분석하고 이해하는 수준에 이르렀다. 최근 생명과학 분야 논문들을 보면 매우 다양한 분야에서 생명정보학 및 분자생물학적 접근 방식을 통한 유전학적 연구가 대세를 이루고 있으며 괄목할 만한 숫자의 유전자 기능을 밝혀내고 있다. 하지만 이들 연구는 "WHAT" 그리고 "WHY"라는 질문에 대한 답을 제시함에 비해 "HOW?"라는 질문에 대한 답에 많은 추측과 가정을 담고 있는 것 또한 사실이다. 이는 다양한 생화학적 접근 방식을 통한 연구의 부족에서 비롯된 것이며, 본 실험서 집필을 통해 저자들이 미래 생명과학자를 꿈꾸는 예비 과학자들에게 전달하고자 하는 지식이다.

　　생화학은 세포 내/외에서 일어나는 모든 작용과 상호 관계를 화학적으로 규명하는 학문으로, 생명과학 전 분야에 기초가 된다고 할 만큼 중요하다. 생화학적 연구 결과는 앞서 언급한 "HOW"에 대한 답을 제시함으로써 연구의 질을 한층 높일 수 있다. 본 《생화학 실험》 책은 생명과학을 공부하는 학생들에게 생명 현상 규명을 위해 어떻게 화학적으로 접근하는지에 대한 학부 수준의 기초 지식을 소개하고 실습에 도움을 주고자, 완충 용액의 작용기작 및 제조법 등과 같은 기초에서부터 단백질(효소)의 분리/정제 및 정량법, 그리고 분석 장비를 통한 분석법을 소개하였다. 본 실험서를 통해 실습한 내용들이 가까운 미래에 국가 생명과학 분야를 이끌 과학 인재 양성에 작은 도움이 되기를 바라며, 집필에 참여한 저자들을 비롯해 도움을 주신 모든 분들께 감사의 뜻을 전한다.

저자 일동

차례

1장
실험실 안전과 실험 기초

1 학습 목표

- 위험 요소로부터 자신을 보호하기 위한 기본적인 실험실 안전 수칙을 배우고 숙지한다.
- 안전 설비의 사용법을 알고 숙지한다.
- 실험실 기본 장비의 사용법을 숙지하고 용도에 맞게 적절히 사용한다.
- 결과 보고서 작성 방법을 배우고 숙지한다.

2 실험실 안전

현대적 설비를 갖춘 실험실은 모든 면에서 실험자의 안전을 우선으로 설계되어 있는 것이 원칙이다. 일례로 휘발성이 강하고 독성이 있는 시약 및 물질을 다루기 위한 후드(fume hood), 방사능 동위 원소를 사용할 때 착용하는 실험복이나 차폐막(shield), 눈, 안면 등의 직접적인 피부 오염으로부터 보호하기 위한 보안경과 마스크(mask), 오염 후 바로 씻어 낼 수 있는 샤워 장치 등이 있다. 하지만 안전 설비를 사용하기 위한 기본적인 방법을 알지 못한다면 다양한 위험 요소로부터 자신을 보호하기 어렵다. 하지만 모든 실험실이 이처럼 모든 안전 설비를 갖추고 있는 것은 아니며, 다양한 위험 요소로부터 자신을 보호하기 위한 안전 수칙을 알고 예방하는 것이 무엇보다 중요하다. 먼저 실험실에서 기본적으로 지켜야 할 안전 수칙에 대해 생각해 보자.

2-1. 실험복 착용

실험실에서는 가능한 한 피부가 직접 노출되지 않는 복장이 요구된다. 더운 여름 팔, 다리가 노출된 복장 또는 발등이 노출된 신발의 착용은 예상치 못한 시약 및 독성 물질이 튀거나 떨어져 생기는 사고로부터 자신을 보호할 수 없다.

2-2. 음식물 반입 및 섭취 금지

가끔 음료수나 음식물을 실험실에 가지고 들어와 먹거나 마시는 학생들을 볼 수 있다. 독성 물질이나 다양한 세균을 다루는 실험실에서 이와 같은 행위는 자신도 모르는 사이에 오염된 음식물을 섭취하게 될 수 있다는 사실을 인식해야 한다.

2-3. 기타 안전 장비 착용

실험복 이외에도 필요에 따라 장갑이나 귀마개, 보안경의 착용이 요구되는 때가 있다. 다루는 시료의 오염을 방지하고 정확한 결과를 얻기 위해 장갑을 착용하는 경우도 있으며 자신이 수행하는 실험의 내용을 충분히 이해하고 필요시에는 석면장갑, 비닐장갑, 또는 보안경과 같은 보호 장구를 착용해야 한다.

2-4. 실험실 구조 및 설비의 위치 파악

출입구 및 비상구, 소화기, 샤워기 등의 위치를 미리 파악하고 있어야 한다. 이는 예상치 못한 사고가 발생할 경우 빠른 조치를 취하여 자신을 보호하는 방법이다.

2-5. 후드(Fume Hood)

휘발성 및 독성 시료를 사용할 때에는 시료로부터 자신과 타인의 안전을 위해 지정된 장소와 후드와 같은 설비를 사용해야 한다. 후드는 제조사마다 다양한 형태를 갖추고 있으나 일반적인 모양과 원리, 그리고 사용법은 그림 1-1과 같다.

① 배기구 열림 확인 : 후드는 미생물 접종 시 사용하는 무균 실험대(clean bench)와는 달리 개폐문 바깥쪽에서 안쪽으로 공기를 유입하여 필터를 통해 건물 바깥쪽으로 연결된 배기구를 통해 배출된다. 이 배기구의 개폐가 조절되는 설비의 경우 확인하여 유독 휘발성 물질의 가스(gas)가 바깥으로 잘 배출되는지 확인 후 사용한다.
② 전원 켜기 : 공기 순환 전원과 필요에 따라 조명을 켠다.
③ 시료 조작을 위한 최소한의 공간을 제외하고 차폐막을 내린 후 사용한다.
④ 작업 완료 후 시료 및 유독 물질의 밀봉 상태를 확인하고 잔류 가스가 있다고 판단되

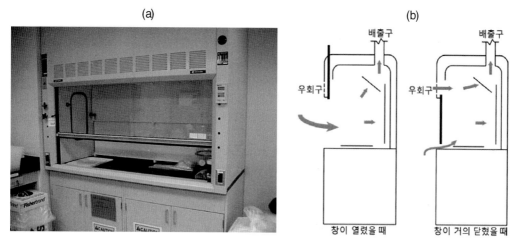

그림 1-1 후드의 모습(a)과 창의 개/폐에 따른 공기의 흐름(b)

면 충분히 배출될 때까지 후드를 가동시킨 후 전원을 끈다.

2-6. 샤워기

자신의 신체에 독성 물질이 오염되었을 경우 신속한 세척으로 그 피해를 최소화할 수 있다. 일반적인 실험실의 경우 비상시에 대비한 전신 샤워기 및 안면, 안구 샤워기를 갖추고 있는데, 신속한 작동을 위해 샤워기 주변에 당김 손잡이를 통해 작동하거나 발을 이용해 쉽고 빠르게 작동하도록 되어 있다. 실험실 내 샤워 시설의 위치와 작동법을 숙지하고 비상시에 당황하지 않고 빠른 조치를 취할 수 있도록 한다.

3 기본 장비 소개 및 사용법

3-1. 피펫(Pipette)

적정량의 용액을 옮길 때 사용하는 장비이다. 소량의 용액을 사용할 때에는 이후 소개할 마이크로피펫(micropipette)을 사용하는 것이 정확하나, 1~5 mL 이상의 용액을 사용할 때에는 유리나 플라스틱 재질의 피펫을 사용한다. 조작은 대체로 간단하나 실험 단계별 피펫 조작의 실수에서 오는 작은 오차는 잘못된 실험 결과를 초래하기도 하므로 매우 중요한 실험의 기본이다. 그림 1-2에서 소개하는 피펫필러(pipette-filler)나 피펫에이드(pipette-aid)를 이용하여 적절한 양의 용액을 옮기는 방법을 배워 보자.

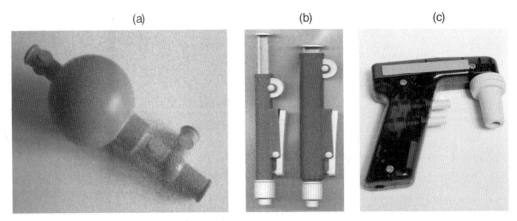

그림 1-2 (a) 피펫필러(pipette-filler) (b) 피펫에이드(pipette-aid) (c) 전기식 피펫에이드

3-2. 마이크로피펫(Micropipette)

5 mL 단위의 대용량도 있으나 주로 1 mL 이하의 소량 특히 마이크로 단위의 용액의 첨가를 위해서 사용한다. 가장 빈번하게 사용되는 마이크로피펫은 그 용량에 따라 20, 200, 그리고 1,000 μL의 세 가지로 나뉘는데(그림 1-3), 이 외에도 다양한 용량의 마이크로피펫이 있으며 전기식 마이크로피펫을 제외하고는 그 사용법은 매우 유사하다.

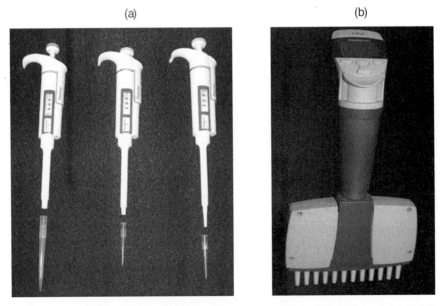

그림 1-3 (a) 용량별 마이크로피펫(micropipette)/팁(tip) (b) 전기식 다중 마이크로피펫

그림 1-4 일반적으로 실험실에서 사용하는 전자저울

3-3. 전자저울(Electronic balance)

실험에 사용되는 고체 및 가루 시약은 정확한 양의 사용이 중요하다. 이를 위해 전자저울의 사용 방법을 숙지하는 것은 실제 실험의 수행보다 중요하다. 일반적으로 사용하는 전자저울(그림 1-4)은 그 정확도와 측정 한계에 따라 다양하게 나뉘나 그 사용 방법은 일반적으로 유사하다.

3-4. 교반기(Stirrer)

고체 시약을 물이나 화합물 용액에 녹이거나 다른 두 종류의 용액을 섞어 주기 위해 사용하는 장치로, 자석막대와 함께 사용한다. 교반기 중에는 열발생 장치가 겸비된 가열식 교반기(그림 1-5)가 있는데, 화상의 위험이 있으니 사용 시 주의를 요한다.

그림 1-5 가열식 교반기

4 기자재 세척 및 정돈

실험의 수행에 못지않게 사용한 기자재의 세척 및 정리 정돈 또한 중요하다. 사용한 시료가 초자 기구에 묻어 있는 채로 재사용된다면 뜻하지 않은 오염으로 예상치 못한 결과를 얻게 될 것이다. 특히 대학 학부 실험실에 공동으로 사용하는 초자 기구의 세척과 정리는 다른 학생들의 실험을 위해서도 기본적으로 지켜야 할 실험실 필수 예절이다. 가장 좋은 세척법은 사용 직후 깨끗한 물로 여러 번 세척하고 증류수로 헹구어 내는 방법이 있으며, 적절한 세척제와 세척 도구를 사용하거나, 필요에 따라 유기 용매를 사용하는 것이 효율적일 때도 있다. 모든 사용 초자 기구 및 기기는 사용 전 장소와 상태로 세척 후 정돈하는 습관을 가지도록 하자.

5 실험 결과 보고서

학과 ————— 학번 ————— 성명 ————— 교수명 —————

서론 (Introduction) • 실험의 목적과 이론적 배경을 이해하고 기술한다.

재료 및 방법 (Materials & Methods) • 사용한 재료 및 실험 방법에 대해 기술한다.

실험 결과 (Results)

• 조별 수행한 실험 결과에 대해 기술한다.

논의 (DIscussion)   • 결과에 대한 생물학적 의미와 개별/조별 논의에 대해 기술한다.

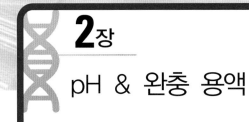

2장

pH & 완충 용액

1   학습 목표

- 산·염기의 기본 개념과 pH란 무엇인지 이해한다.
- 생화학 및 생명과학 실험에서 왜 완충 용액(buffer)을 사용해야 하는지 이해한다.
- 완충 용액을 만드는 방법과 용액의 pH를 측정하는 방법을 습득한다.

2   이론

생체 내에서 일어나는 대부분의 화학 반응은 물을 기반으로 하는 환경에서 이루어지며, 수용액 내의 수소 이온(H^+) 농도에 크게 영향을 받는다. 예를 들면 TCA cycle에 관여하는 효소인 *fumarase*는 최적 pH가 중성인 7.5 근처이다. 반면 단백질 분해 효소인 *pepsin*의 최적 pH는 산성인 3 근처이다. 이는 중성 pH에서는 *fumarase*는 높은 활성을 가지지만 *pepsin*은 활성이 없음을 의미한다. 반면 위 속과 같은 산성 조건에서는 *pepsin*은 활성이 있지만 *fumarase*는 활성이 없다. 따라서 생화학 실험에서 수용액 내의 수소 이온 농도 유지는 매우 중요하다. 생명체 내에서는 생체를 구성하는 다양한 물질들에 의해서 수소 이온의 농도가 일정하게 유지되고 있으며, 생화학 실험에서는 약산 또는 약염기를 이용하여 제작된 완충 용액을 사용하여 반응 용액의 수소 이온 농도를 일정하게 유지한다.

2-1. 산 · 염기와 pH

■ 산 · 염기

산(acid)은 H^+을 주는 물질 또는 전자쌍을 받는 물질이며, 염기(base)는 H^+을 받는 (또는 OH⁻을 주는) 물질 또는 전자쌍을 주는 물질이다.

$$\text{Acid} : \text{HA} \rightleftharpoons \text{H}^+ + \text{A}^-$$

$$\text{Base} : \text{BOH} \rightleftharpoons \text{B}^+ + \text{OH}^-$$

용액에서 산과 염기는 위의 반응처럼 해리되어 각각 H^+과 OH^-을 방출한다. 산과 염기의 세기는 이들 물질의 이온화 정도에 의해 결정된다. 강산과 강염기는 위의 반응이 대부분 오른쪽으로 진행되어 거의 **100%** 이온화되는 물질을 말한다. 예를 들어 강산인 0.1 M HCl 용액은 모든 산이 해리되므로 용액 내의 H^+의 농도는 0.1 M이다. 약산과 약염기는 위의 반응이 오른쪽으로 현저하게 진행되지 않는 물질로서, 용액에서 일부만 이온화된다.

■ **짝산 · 짝염기**

위의 반응에서 보듯이 A^-은 H^+를 받아서 HA로 되돌아갈 수 있으므로 앞에서 설명한 산 · 염기 정의에 의해 A^-은 염기라 할 수 있다. 따라서 산 · 염기 반응에서 HA와 A^-은 서로 짝산(conjugate acid)과 짝염기(conjugate base)로 정의된다.

■ **pH와 pOH**

용액의 H^+ 농도의 척도로, pH를 사용한다. pH는 용액 내 H^+ 농도의 $-\log$값이다.

$$\text{pH} = -\log[\text{H}^+]$$

따라서 0.1 M HCl 용액의 $\text{pH} = -\log[10^{-1}] = 1$이다.
마찬가지로 용액의 OH^-의 농도는 $\text{pOH} = -\log[\text{OH}^-]$로 표시한다.

※ 용액 내 수소 이온의 농도를 $-\log$값으로 사용하는 이유에 대하여 생각해 본다.

2-2. 물의 이온화

물은 양쪽성 물질로서 H^+을 주기도 하고 받기도 한다. 물은 다음과 같이 이온화된다.

$$\text{H}_2\text{O} \rightleftharpoons \text{H}^+ + \text{OH}^-$$

이 반응의 평형 상수는 다음과 같다.

$$K_{eq} = \frac{[H^+][OH^-]}{[H_2O]}$$

다시 정리하면 $K_{eq}[H_2O] = [H^+][OH^-]$ 이다.

$K_{eq}[H_2O]$를 물의 이온곱 상수(K_w)라 정의하며, $K_w = [H^+][OH^-]$ 이다.

25°C에서 순수한 물의 H^+와 OH^-의 농도는 10^{-7} M이므로, $K_w = (10^{-7})(10^{-7})$ $= 10^{-14}$이다.

수용액에서 $[H^+][OH^-]$는 일정하므로, 한쪽이 증가하면 다른 쪽은 그만큼 감소한다. 예를 들어 0.001 M NaOH 수용액의 $[H^+]$는 $10^{-14} = (H^+)(10^{-3})$이므로 10^{-11} M이다. 따라서 이 수용액의 pH는 **11**이다.

pH의 정의에 의해 물의 pH $= -\log(10^{-7}) = 7$이며, 중성이다. 수용액의 H^+ 농도가 10^{-7} M보다 높으면 pH는 7보다 작아지게 되고, 이 용액은 산성이다. 반면 수용액의 H^+ 농도가 10^{-7} M보다 낮으면 pH는 7보다 커지게 되고, 이 용액은 염기성이다.

2-3. 약산·약염기의 이온화와 완충 용액

생화학 반응의 결과에 의해 H^+의 농도, 즉 pH가 변할 수 있다. 하지만 생화학적 과정이 지속되기 위해서는 세포 내 또는 반응 용액 내의 pH가 일정하게 유지되어야 한다. 생화학 실험에서 용액의 pH를 유지하기 위해 보편적으로 완충 용액을 사용한다. 완충 용액은 pH 변화를 완화시켜 주는 용액으로서 약산 또는 약염기 용액이다. 약산 또는 약염기는 위에서 설명한 것처럼 용액에서 일부만 해리되어 약산-짝염기 또는 약염기-짝산이 혼합된 평형 상태를 이룬다. 약산의 평형 상수(K_a)는

$$K_a = \frac{[H^+][A^-]}{[HA]}$$

이고, 이 식을 다시 정리하면

$$[H^+] = \frac{K_a[HA]}{[A^-]}$$

이다. pH의 경우처럼 K_a의 $-\log$값을 pK_a라 정의($pK_a = -\log K_a$)하고, 위 식의 양변에 $-\log$를 곱하여 풀면

$$pH = pK_a + \log \frac{[A^-]}{[HA]}$$

이며, 이 식이 약산-짝염기(또는 약염기-짝산)의 농도비와 pH의 관계를 정의하는 Henderson-Hasselbalch 식이다.

※ 그렇다면 약염기-짝산으로 이루어진 완충 용액이 어떻게 반응 용액 내의 pH의 변화를 완화 시키는지 생각해 본다.

완충 용액 속의 A^-은 첨가 또는 반응으로 인해 생성되는 H^+과 결합하여 $A^- + H^+$ → HA 반응에 의해 짝산으로 만들어져 pH 변화를 완화시키며, 완충 용액 속의 HA는 첨가 또는 반응으로 인해 생성되는 OH^-과 결합하여 $HA + OH^- \rightarrow A^- + H_2O$ 반응에 의해 짝염기와 물을 만들어 냄으로써 pH 변화를 완화한다. 따라서 완충 용액 속의 HA와 A^-의 농도가 같을 때 가장 효과적인 완충 작용을 한다. 이때의 pH는 Henderson-Hasselbalch 식에 의해 약산의 pK_a와 같다. 완충 용액 속의 HA와 A^-의 농도비가 한쪽으로 치우치면 완충 용액의 완충 능력(buffer capacity)이 감소하게 된다. 따라서 완충 용액의 효율적인 pH 완충 범위는 완충 용액의 제작에 사용된 약산의 $pK_a \pm 1$ 정도이다.

완충 용액 제작에 자주 사용되는 산·염기 화합물로는 phosphoric acid, carbonic acid, diethylamine 등이 있다. Acetic acid, formic acid, citric acid 등의 카르복시산들도 완충 용액 제작에 사용된다. 아미노산도 완충 용액 제작에 유용하게 사용할 수 있으며, glycine 이나 histidine 등이 주로 사용된다. 합성 화합물로서 Tris, MES, HEPES와 같이 1970년대 에 N. E. Good 등에 의해 개발된 양쪽성 이온(zwitterion) 물질들도 완충 용액을 제작하는 데 자주 사용된다(표 2-1).

표 2-1 완충 용액 제작에 사용되는 약산·약염기의 pK_a값

Acid or base	pK$_a$ at 25°C			Acid or base	pK$_a$ at 25°C		
	pK$_{a1}$	pK$_{a2}$	pK$_{a3}$		pK$_{a1}$	pK$_{a2}$	pK$_{a3}$
Phosphoric acid	2.12	7.21	12.32	Histidine	1.82	6.00	9.17
Carbonic acid	6.10	10.25		Glycine	2.34	9.60	
Boric acid	9.24			Imidazole	7.00		
Diethylamine	10.72			MES		6.15	
Maleic acid	2.00	6.26		MOPS		7.20	
Citric acid	3.06	4.74	5.40	HEPES		7.55	
Formic acid	3.75			Tris	8.10		
Acetic acid	4.76			CAPS		10.40	

2-4. 용액의 pH 측정

용액의 pH는 주로 pH 미터를 이용하여 측정한다(그림 2-1). pH 미터는 기준 전극과 H^+에 민감한 감응 전극으로 구성된다. 예전에는 두 개의 전극을 용액에 담가서 pH를 측정하였으나, 요즈음은 대부분 기준 전극과 감응 전극이 하나로 합쳐진 복합 전극을 가진 pH 미터를 사용한다. 전극을 용액에 담그고 기준 전극과 감응 전극 사이의 전위차를 이용하여 pH를 측정한다. 전위차는 용액의 pH에 따라 달라지며, 다음의 식으로 나타낼 수 있다.

$$V = E_{\mathrm{constant}} + \frac{2.303RT}{F}\,\mathrm{pH}$$

V = 전위차

E_{constant} = 기준 전극의 전위

R = 기체 상수

T = 절대 온도

F = 패러데이 상수

위 식에서 보는 것처럼 전위차는 pH뿐만 아니라 온도에 의해 영향을 받으므로 온도에 따른 교정이 필요하다. 요즘 사용하는 pH 미터는 자동으로 온도에 따라 교정된 pH값을 보여준다. pH 미터는 표준 완충 용액을 이용하여 주기적으로 보정하여야 하며, 필요하면

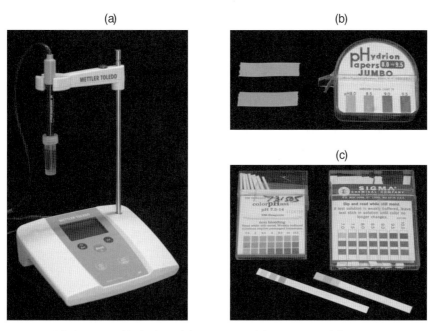

그림 2-1　pH 측정 기구　(a) pH meter (b) pH paper (c) pH strip

pH 측정 전에 보정하여 사용한다. 일반적으로 pH 4, 7, 10의 표준 용액을 사용하여 보정한다.

pH 미터를 사용하기 어려운 경우에는 H^+의 농도에 따라 색이 변하는 pH paper나 pH strip 등을 사용한다(그림 2-1). 예를 들어 미생물을 배양하면서 배지의 pH 변화를 측정하는 경우, 오염의 우려 때문에 pH 미터의 전극을 담가서 pH를 측정하기 힘들다. 이럴 때 멸균된 피펫으로 소량의 배양액을 취하여 pH paper나 pH strip에 떨어뜨려 pH를 측정할 수 있다.

3 시약/시료 및 기기

🧪 시약/시료

① NaH_2PO_4(MW=119.98)/Na_2HPO_4(MW=141.96)

② Tris base; tris(hydroxymethyl) aminomethane(MW=121.1)

③ 5 M HCl 용액/5 M NaOH 용액/포화 KCl 용액

④ 증류수

🧪 기기

① 비커/매스실린더/세척병

② pH 미터/pH paper/pH strip

③ 파스퇴르 피펫(pasteur pipet)/피펫 고무(rubber bulb)

④ 전자저울/시약수저/유산지

⑤ 교반기(stirrer)/자석막대(magnetic bar)

4 실험 방법

4-1. pH 측정

■ pH 미터를 이용한 측정

※ pH 미터 사용 전에 전극 내부에 포화 KCl 용액이 충분히 채워져 있는지 확인한다.

※ pH 미터의 보정 여부를 확인하고, 필요하면 pH 4, 7, 10의 표준 용액을 이용하여 보정한다(보정 방법은 pH 미터 사용 설명서를 참고).

① 전극을 저장 용액으로부터 꺼내어 증류수를 이용하여 세척하고 티슈로 부드럽게 닦는다.
  • 밑에 비커를 받치고 세척병을 이용하여 증류수의 물줄기가 아래로 향하도록 하여 전극을 세척한다.

② 전극을 시료 용액에 담근다.

③ pH 미터의 표시 값이 안정화되기를 기다려 pH를 읽는다.

④ pH 측정이 끝나면 전극을 시료 용액으로부터 꺼내어 ①의 방법으로 세척한다.

⑤ 세척한 전극은 저장 용액에 담가서 보관한다.

■ pH paper 또는 pH strip을 이용한 측정

① pH paper 또는 pH strip을 시료 용액에 담갔다 꺼내거나, 시료 용액을 pH paper 또는 pH strip에 떨어뜨린다.

② pH paper 또는 pH strip의 색을 pH paper 또는 pH strip 용기에 인쇄된 pH별 색과 비교하여 pH를 측정한다.

4-2. 0.1 M sodium phosphate buffer, pH 7.0, 1 L 제작

※ Phosphoric acid의 pK_a 값은 표 2-1을 참조한다.

① Henderson-Hasselbalch 식을 이용하여 완충 용액 제작에 필요한 NaH_2PO_4와 Na_2HPO_4의 양을 계산한다.

② 1 L 비커에 약 900 mL의 증류수를 담고, 자석막대를 넣어 교반기를 이용하여 교반한다.

③ 위에서 계산한 NaH_2PO_4와 Na_2HPO_4를 재서 증류수가 담긴 비커에 넣고 완전히 녹을 때까지 교반한다.

④ pH 미터의 전극을 비커에 담그고 pH값이 안정될 때를 기다려서 pH를 읽는다.

⑤ pH가 7이 아니면, 5 M HCl 용액 또는 5 M NaOH 용액을 pH가 7이 될 때까지 첨가한다.
  • pH가 7보다 높으면 5 M HCl 용액을 사용하고, pH가 7보다 낮으면 5 M NaOH 용액을 사용한다.

⑥ 제작한 용액을 메스실린더로 옮기고, 1 L가 되도록 물을 첨가하여 완충 용액 제작을 마무리한다.

⑦ 제작한 완충 용액을 pH paper와 pH strip에 떨어뜨려 색 변화를 이용하여 pH를 측정하고 pH 미터로 읽은 값과 비교한다.

4-3. 50 mM Tris-Cl buffer, pH 7.5, 1 L 제작

① 완충 용액 제작에 필요한 Tris base의 양을 계산한다.
② 1 L 비커에 약 800 mL의 증류수를 담고 자석막대를 넣어 교반기를 이용하여 교반한다.
③ 위에서 계산한 Tris를 재서 비커에 넣고 교반하여 완전히 녹을 때까지 기다린다.
④ pH 미터의 전극을 비커에 담그고 pH 값이 안정될 때를 기다려서 pH를 읽는다.
⑤ 5 M HCl 용액을 pH가 7.5가 될 때까지 첨가한다.
⑥ 제작한 용액을 메스실린더로 옮기고, 1 L가 되도록 물을 첨가하여 완충 용액 제작을 마무리한다.
⑦ 제작한 완충 용액을 pH paper와 pH strip에 떨어뜨려 색 변화를 이용하여 pH를 측정하고 pH 미터로 읽은 값과 비교한다.

※ Phosphate와 Tris 완충 용액을 제작하는 방법의 차이를 생각해 본다.

5 참고 문헌

[1] Bollag DM, Rozycki MD, Edelstein SJ (1996) Protein Methods 2nd edn. New York: Wiley-Liss, Inc.
[2] Boyer R (2000) Modern Experimental Biochemistry 3rd edn. San Francisco: Benjamin/Cummings.
[3] Cooper TG (1977) The Tools of Biochemistry 1st edn. New York: John Wiley and Sons, Inc.
[4] Segel IH (1976) Biochemical calculations 2nd edn. New York: John Wiley and Sons, Inc.

6　실험 결과 보고서

학과 ─────── 학번 ─────── 성명 ─────── 교수명 ───────

서론 (Introduction)　　　　• 실험의 목적과 이론적 배경을 이해하고 기술한다.

재료 및 방법 (Materials & Methods)　　　　• 사용한 재료 및 실험 방법에 대해 기술한다.

실험 결과 (Results)

• 조별 수행한 실험 결과에 대해 기술한다.

논의 (DIscussion)

• 결과에 대한 생물학적 의미와 개별/조별 논의에 대해 기술한다.

3장

세포 파쇄와 단백질 추출

1 학습 목표

- 동·식물 또는 박테리아 세포막 구조와 적절한 파쇄 방법을 이해한다.
- 단백질의 구조를 이해하고 추출 방법을 이해한다.
- 다양한 세포의 적절한 파쇄 방법과 단백질 추출 방법을 습득한다.

2 이론

세포막은 주로 인지질 이중층과 다양한 단백질로 구성된 반투과성 원형질막이다. 생명체로부터 단백질 및 대사체를 추출하고 분리/동정을 통한 기능 연구를 위해서는 시료 조직으로부터 세포막을 파쇄하고 세포 내 대사체를 변형(변성, denaturation) 없이 안정하게 추출해야 한다. 특히 단백질 및 펩티드(peptide)는 아미노산(amino-acid)들의 중합체로서 조건에 따라 그 구조가 파괴되고 기능을 상실하게 되므로, 세포로부터 추출하는 과정에서 온도나 pH 등과 같은 조건에 신중을 기해야 한다. 현재까지 다양한 방법의 세포 파쇄를 통한 단백질 추출법이 개발되어 사용되고 있으나, 각각의 방법을 잘 이해하지 못하면 적절하고 효율적으로 단백질을 추출하기 어렵다. 단백질을 비롯한 대사체 추출을 위해 사용되는 세포막(벽) 파쇄 방법들을 이해하고, 이들 방법을 통해 세포 내 단백질을 추출하여 보자.

2-1. 초음파 파쇄법(Sonication)

초음파는 사람이 들을 수 없는 음파(≥16 kHz)를 사용하는 효과적인 방법 중의 하나로 동·식물 및 박테리아 파쇄에 두루 많이 사용되고 있다. 발진기(generator)에서 만들어진 고

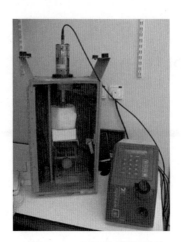

그림 3-1 초음파 발생 장치

주파 전기 에너지가 변환기(convertor)를 거쳐 기계적인 진동으로 바뀌어, 기기 장치의 탐침(probe 또는 tip)을 통해 초당 최소 **20,000**번 이상의 일정한 진폭을 가진 진동에 의해 세포막 구조를 파괴시킨다. 과도하게 높은 진동으로 인해 시료 용액 내 기포를 발생시킬 수 있으며, 이는 단백질의 산화를 유도하여 변성을 일으키기도 한다. 또한 지속적이며 장시간의 초음파 발생은 시료의 온도를 순간적으로 올려 대상 단백질의 구조적 변성을 일으킬 수 있어, 진폭과 시간을 설정하는 데 주의해야 한다. 다양한 형태의 기기가 있으나 일반적으로 시료의 양에 따라 적절한 크기와 형태의 탐침을 교체하여 사용할 수 있다. 이 방법은 탐침의 고주파 진동으로 인해 튀는 시료의 직접적 인체 접촉이나 청각의 손상을 초래할 수 있으므로 사진의 장치처럼 차폐가 되어 있는 공간에 시료를 두고 수행해야 하나, 차폐 설비가 없을 시 보호경/귀마개와 같은 보호 장비를 착용하고 수행하는 것이 좋다.

2-2. 칼날 분쇄법(Blade Homogenization/Grinding)

대부분의 동물 조직이나 식물 조직의 세포를 파쇄하는 방법으로, 칼날 분쇄기(Blade Homogenizer 또는 Blade Grinder)를 사용한다. 다양한 형태의 분쇄기가 있으나 일반 가정에서 사용하는 믹서(mixer)를 사용하기도 한다. 용기에 적절한 완충 용액과 함께 조직을 물리적으로 파쇄하는 방법으로 칼날의 회전 마찰에 의해 조직과 조직 내 세포막(벽)을 파쇄하나, 마찰력에 의해 발생하는 열로 인해 단백질의 구조가 변형될 가능성이 있으므로 저온 상태를 유지하는 것이 좋다. 일반적으로 세포 파쇄를 위한 칼날의 회전력은 분당 **6,000**에서 **50,000**회 정도이다. 이 방법은 상대적으로 다른 방법에 비해 빠르며 쉬우나, 세포의 크기가 매우 작은 단일 세포 생물인 미생물의 경우 부적절한 방법이다.

2-3.　막자(pestle)와 막자사발(mortar)

가장 비용이 적게 드는 방법으로, 주로 막자(pestle)와 막자사발(mortar)을 사용한다(그림 3-2). 주로 식물 조직 세포로부터 단백질을 추출할 때 사용하는 방법으로, 노력과 시간에 비해 효율이 낮으며, 시료의 수가 많을 경우 시료마다의 효율에 일관성을 부여하기 어렵다. 목적에 따라 효율을 높이고자 세척/멸균된 가는 모래나 구슬(bead)과 같은 연마 보조 물질을 사용하기도 한다. 이 방법 또한 단백질의 변성을 막기 위해 냉장 보관되었던 막자와 막자사발을 얼음에 얹어 사용하거나 저온실에서 수행함으로써 세포 파쇄 시 낮은 온도를 유지하는 것이 좋다.

그림 3-2 막자와 막자사발

2-4.　효소 파쇄법

박테리아의 세포벽 구성 물질인 펩티드글리칸(peptidoglycan)을 파괴하는 효소를 사용하는 방법이다. 펩티드글리칸은 당(sugar)과 아미노산(amino-acid)으로 구성되어 있으며, 폴리사카라이드 사슬(polysaccharide chain)을 분열시키는 glycosidases, 폴리펩티드 사슬(polypeptide chain)을 끊어 주는 endopeptidases, 그리고 폴리사카라이드와 펩티드 사이의 결합을 끊어 주는 amidases로 나뉘며, 라이소자임(lysozyme)이 대표적으로 가장 많이 사용하는 효소이다. 라이소자임은 미생물들의 세포벽 구조인 N-acetylmuramic acid와 2-aceteamido-2-deoxy-D-glucose 사이의 β-1,4 결합을 가수 분해하는(그림 3-3) 효소로 계란 흰자, 눈물 및 식물 조직에 많이 존재한다. 라이소자임은 분자량이 14,600 정도밖에 되지 않는 작은 단백질로, 처리 후 시료로부터 분리가 용이하다는 장점을 가지고 있다.

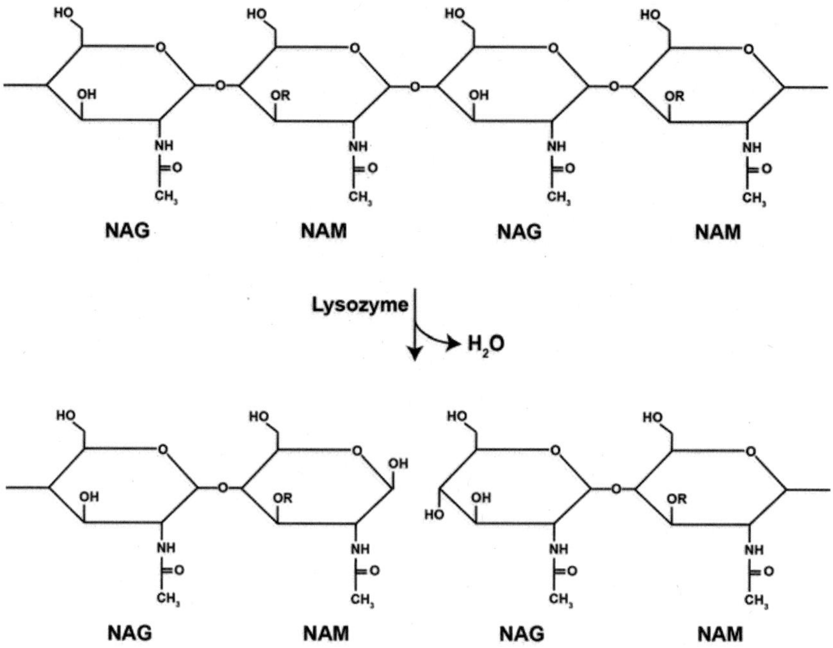

그림 3-3 라이소자임에 의한 가수 분해

2-5. 결빙/해동 파쇄법

미생물 단백질 추출에 가끔 사용되는 방법으로, 세포 배양액을 원심 분리하여 상등액을 제거한 후 동결과 해동을 반복하면 형성되는 얼음 결정과 용해에 의한 부피의 급속한 변화를 통해 세포막(벽)이 파쇄되고 단백질을 추출할 수 있다. 상대적으로 많은 시간이 소요되며 비효율적인 방법이다. 하지만 초음파 파쇄법 또는 효소 파쇄법과 같은 방법과의 혼합적 사용으로 효율을 극대화할 수 있다.

2-6. 삼투압 파쇄법

주로 세포벽이 없는 동물 세포에서 많이 사용하는 방법으로, 세포벽이 두꺼운 미생물 및 식물 세포의 경우에는 효과가 크지 않다. 반투과성 세포막을 중심으로 용액의 농도 차이에 의해 발생하는 삼투 현상을 이용하는 방법으로, 용질의 농도가 낮은 쪽에서 높은 쪽으로 용매가 이동하며, 그 압력을 이용하여 세포막을 파쇄한다. 세포를 저장성 용액에 현탁시키면 세포질보다 상대적으로 낮은 용질 농도를 가진 저장성 용액으로부터 용매가 세포 내로 이동하게 되고 세포질의 부피 팽창으로 세포막(벽)이 파쇄된다. 세포 내부와 비교하여 용질의 농도가 높은 경우, 같은 경우, 또는 낮은 경우의 용매의 이동에 따른 세포의 형태를 그림 3-4에서 비교해 보자.

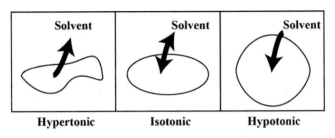

그림 3-4　삼투 현상에 의한 세포의 형태

2-7. 알칼리 처리법

박테리아에서 플라스미드(plasmid) DNA 추출을 위해 가장 많이 사용되는 방법으로, 용액 내 SDS는 세포막의 지질과 단백질의 용해도를 증가시켜서 세포를 파쇄하는 방법이다. 더불어 NaOH는 세포 내 플라스미드를 포함한 유전체의 변성을 유도한다. 이 방법은 추출하고자 하는 단백질이 pH 11.5~12.5 정도에서 안정하지 않을 경우 사용할 수 없어 단백질의 추출보다는 DNA 추출에 많이 사용된다.

2-8. 압착법

이 방법은 미생물 배양액 또는 슬러지(sludge) 형태의 대량 시료에 적합한 방법으로 압착기가 필요하다. 세포막(벽) 파쇄의 원리는 고압의 실린더 내부로부터 외부로 공기를 배출할 때 발생하는 내부와 외부의 큰 압력차는 배양액 또는 슬러지에 공동 현상(cavitation)을 발생시키며, 이에 의하여 형성된 충격파가 세포를 파쇄시킨다.

• 공동 현상이란 고압의 조건에서 유체 속에 녹아 있던 공기가 압력이 떨어지면서 빠져나와 유체 속에 빈 공간이 생기는 현상을 말한다.

3　시약/시료 및 기기

🧪 시료/시약

① 50 mL LB(Luria-Bertani) 배양액
② 0.1 M Tris buffer(pH 7.0)
③ 액화질소(Liquid Nitrogen)
④ 얼음과 얼음 용기

기기

- 초음파 발생 장치(sonicator)

4 실험 방법

앞에서 소개한 다양한 방법 중 기계적 파쇄법인 초음파 파쇄법과 비기계적 파쇄법인 결빙/해동법을 통해 배양된 박테리아 세포로부터 단백질을 추출하여 보자.

4-1. 시료 준비

① 실험 실습을 위해 E. coli 세포를 LB(Luria-Bertani) 고체 배지에 접종하고 37°C에서 배양한다.

② 고체 배지로부터 단일 colony를 선별하여 50 mL, LB 액체 배지에 접종하고 37°C에서 혼탁 배양한다.

③ 배양액으로부터 박테리아 세포를 분리하기 위해 25 mL씩 살균된 원심 분리 용기에 나누어 담는다.

④ $4,500 \times g$, 4°C, 10분간 원심 분리하여 박테리아 세포를 침전시킨다.

⑤ 상층액을 조심스럽게 버리고 침전된 박테리아 세포를 1 mL Tris 완충 용액(0.1 M, pH 7.0)으로 현탁시키고 세포 파쇄에 이용한다.

4-2. 초음파 파쇄법

① 잔여 배양액을 완전히 세척하기 위해 1 mL Tris 완충 용액(0.1 M, pH 7.0)으로 혼탁된 박테리아 세포를 원심 분리($4,500 \times g$, 4°C, 10분)를 통해 침전시킨다.

② 상층액을 버리고 침전된 박테리아 세포를 다시 1 mL Tris 완충 용액(0.1 M, pH 7.0)으로 혼탁한다.

③ 위의 ①, ②번 과정을 2회 이상 반복함으로써 배양액 잔여물을 최대한 제거한다.

④ 1 mL Tris buffer(0.1 M, pH 7.0)로 최종 현탁시킨 박테리아 시료를 얼음에 꽂고, 초음파 발생기 탐침을 담근 후 5분간(5~10초 정도의 짧은 펄스를 10~30초 정도씩 멈추어 가며) 세포를 파쇄한다.

- 진동 간에 시료로부터 기포가 발생하면 진동 강도를 낮추어야 한다.
- 세포가 파쇄될수록 시료의 혼탁도가 낮아짐을 관찰할 수 있다.

④ 원심 분리를 이용하여(12,000 rpm, 5 min) 파쇄된 세포 침전물과 세포 내 물질을 함유한 상층액을 분리하고 상층액만을 조심스럽게 회수한다.

⑤ 추출된 단백질을 4장에서 소개할 단백질 정량법 중 자외부 흡수법과 같은 방법을 통해 추출된 단백질의 양을 측정한다.

⑥ 다음 실험을 위해 −80°C에서 냉동 보관한다.

4-3. 결빙/해동 파쇄법

① 앞서 언급한 바와 같이 배양액 잔여물 제거를 위해 **4-2.** 실험의 ①, ②번 과정을 2회 정도 반복한다.

② 결빙/해동의 효율을 높이기 위해 준비된 박테리아 세포 혼탁액으로부터 원심 분리($4,500 \times g$, 4°C, 10분)를 통해 세포를 침전/분리한다.

③ 상층액을 조심스럽게 제거하고 튜브를 액화질소에 담그어 박테리아 세포가 완전히 결빙될 때까지 방치한다.

④ 얼음(물)에 담그어 결빙된 박테리아 세포가 완전히 해동될 때까지 방치한다.
- 열에 안정한 단백질의 경우 상온이나 적당히 가열된 수조에서 해동 과정을 수행하면 빠르나 대부분의 단백질은 온도에 민감하거나 단백질 분해 효소에 의해 변성될 수 있으므로 저온에서 수행하는 것이 좋다.

⑤ 위의 ③, ④번 과정을 4~5회 이상 반복한다.

⑥ 1 mL의 Tris buffer(0.1 M, pH 7.0)를 사용하여 현탁시킨다.

⑦ 원심 분리기를 이용하여 상층액을 조심스럽게 회수한다.

5　참고 문헌

[1] Freeman S (2011) Biological Science 4th edn. SanFrancisco: Benjamin/Cummings.

[2] Berg JM, Tymoczko JL, Stryer L (2012) Biochemistry 7th edn. NewYork: FreemanWH.

[3] Bollag DM, Rozycki MD, Edelstein SJ (1996) Protein Methods 2nd edn. New York: Wiley-Liss, Inc.

[4] Boyer R (2000) Modern Experimental Biochemistry 3rd edn. San Francisco: Benjamin/Cummings.

6 결과 보고서

학과 _____ 학번 _____ 성명 _____ 교수명 _____

서론 (Introduction)　　　　　• 실험의 목적과 이론적 배경을 이해하고 기술한다.

재료 및 방법 (Materials & Methods)　　• 사용한 재료 및 실험 방법에 대해 기술한다.

실험 결과 (Results)

• 조별 수행한 실험 결과에 대해 기술한다.

논의 (DIscussion) · 결과에 대한 생물학적 의미와 개별/조별 논의에 대해 기술한다.

4장
단백질 정량

1 학습 목표

• 단백질 정량의 목적과 다양한 정량법의 원리를 이해한다.
• 적절한 단백질 정량법을 사용하여 단백질의 양을 측정할 수 있다.

2 이론

단백질 정량은 시료 내에 포함된 단백질의 양 또는 농도를 구하는 과정으로, 특히 효소의 활성 반응 역학(kinetics)을 연구하거나, 다양한 조건에서 대상 시료의 단백질 발현량을 비교할 때 필수적인 실험이다. 간단하게는 자외부 흡수법(UV spectrometric method)에서부터, 뷰렛(Biuret) 정량법, BCA 정량법, Lowry 정량법, Bradford 정량법 등이 있다. 각 원리와 방법을 알아보자.

2-1. 자외부 흡수법

이 방법은 50 μg에서 1 mg/mL 범위의 단백질을 측정할 때 용이하며, 다음에 소개할 다양한 방법처럼 특별한 시약의 첨가나, 반응을 위한 배양 시간이 필요하지 않으며 표준 단백질을 이용한 표준 곡선이 필요하지 않다는 장점을 가지고 있다. 또한 시료의 회수가 가능하고 빠르며 간편하다는 것도 장점이다. 이러한 장점을 가지고 있어 앞서 소개한 크로마토그래피(chromatography)를 통한 단백질 분리 시 컬럼(column)으로부터 용출되는 용액 내 단백질의 함량을 측정하는 데 많이 사용되며, 현재까지도 FPLC(Fast Liquid Chromatography)나 HPLC(High-Performance Liquid Chromatography)와 같은 자동화된 크로마토그래피 시스템

생화학 실험

에 장착되어 사용되고 있다.

이 방법은 phenylalanine, tryptophan, tyrosine과 같이 방향족 곁사슬을 가진 아미노산 (amino acid)이 280 nm에서 흡광도를 가지고 있는 특성과, 단백질의 아미노산을 연결하는 펩티드 결합(peptide bond)이 200 nm에서 흡광도를 가지는 성질을 이용하여 시료 내 단백질의 농도를 분광 광도계를 이용하여 280 nm 또는 200 nm에서 측정할 수 있다. 하지만 측정 단백질에 방향족 곁사슬을 가진 아미노산이 없는 경우 280 nm에서 측정할 수 없으며, 시료 내 DNA(260 nm에서 최대 흡광도를 가짐) 등과 같이 비슷한 파장 영역에서 흡광도를 가지는 물질이 있을 경우 단백질의 농도만을 정확하게 측정하기 어렵다. 세포 추출물에서 단백질의 함량을 측정할 때 가장 크게 영향을 주는 DNA 오염의 상관관계를 수식화하여 좀 더 정확한 단백질의 농도를 측정하는 공식은 아래와 같다.

$$단백질 농도 (mg/mL) = (1.55 \times A_{280}) - (0.76 \times A_{260})$$

■ 분광 광도계 사용법

앞에서 언급한 자외부 흡수법은 분광 광도계를 필요로 한다. 간단한 분광 광도계의 구성과 사용법을 알아보자. 물질은 빛에너지를 받아 다양한 분자 운동을 하며, 고유의 흡수 스펙트럼(spectrum)을 가진다. 분광 광도계는 물질이 가진 특이적 흡수 스펙트럼을 기반으로 화합물의 정량 분석에 사용되며, 정량 분석 이외에도 다양한 생화학적 분석을 위해 가장 많이 사용하는 분석 장비 중 하나이다. 일반적인 분광 광도계의 기기적 구성은 광원, 단색화 장치, 시료부, 검출기로 나뉘며(그림 4-1), 일정 강도를 가진 단일 파장의 빛이 시료를 통과하여 검출되는 투과량에 대한 상대적 흡광도를 측정한다.

분광 광도계는 제조사와 부여된 기능에 따라 그 작동법은 다르나 일반적인 분광 광도계를 이용한 측정 순서는 다음과 같다.

① 분광 광도계의 전원을 켜고 예열한다(15분 이상).
② 측정하고자 하는 파장을 설정한다.
③ 깨끗하게 준비된 큐벳(cuvett)에 기준(reference) 용액을 넣고 흡광도를 0으로 조절한다.

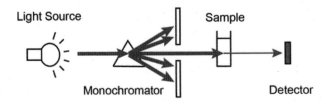

그림 4-1 분광 광도계의 구성과 간단한 원리

④ 큐벳(cuvett)으로부터 기준 용액을 제거하고 세척 후 시료를 넣고 흡광도를 측정한다.
- 두 개의 큐벳을 동시에 사용할 수 있는 경우, 하나는 기준 용액, 다른 하나는 시료 용액을 넣는 곳으로, 먼저 기준 용액을 두 개의 큐벳(cuvett)에 넣고 0으로 조절한 후 시료용 큐벳(cuvett)의 기준 용액을 제거하고 시료를 넣어 흡광도를 측정한다.

2-2. Lowry-Folin 정량법

이 방법은 1951년 Oliver H. Lowry에 의해 발표된 이후, 가장 많이 사용되는 단백질 정량법 중 하나이다. 이 방법은 Biuret 반응과 Folin-Ciocalteu 반응에 의한 발색의 원리를 이용한 것으로, 알칼리 용액에서 Cu^{2+}과 단백질의 펩티드(peptide) 결합 간에 복합체를 형성하면서 Cu^{2+}을 Cu^{1+}으로 환원시키며, Cu^{1+}과 단백질의 Trp, Tyr의 라디칼(radical) 그룹이 Folin-Ciocalteu 시약 복합체(노란색)를 환원시키며 진한 파란색으로 색을 변화시킨다(그림 4-2). 이때 색의 변화는 단백질 농도와 비례한다. 이를 이용하여 750 nm에서 흡광도를 측정함으로써 단백질의 농도를 측정할 수 있다. 이 방법은 Biuret법의 100배, 자외부 흡수법의 10~20배의 감도를 가지고 있어 소량으로부터 넓은 범위의 단백질 농도 측정에 용이하며, 자외부 흡수법이나 Bradford법에 비해 아미노산 조성에 영향을 적게 받는 장점을 가지고 있다. 하지만 이 방법은 세척제(detergent) 및 화학 물질에 의해 반응의 저해를 받을 수 있으며, 반응 속도가 40분 정도로 느리고 사용되는 시약 중 carbonate는 불안정하여 사용 직전 제조해야 하는 단점을 가지고 있다. 또한 표준 단백질을 이용한 표준 곡선(2-6. 표준 곡선 작성과 활용 참조)이 필요하다.

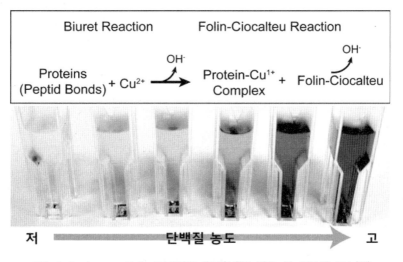

그림 4-2 Lowry-Folin 정량법의 원리(상)와 발색 후 시료의 모습(하)

2-3. Bradford 정량법

이 방법은 1976년 Marion M. Breadfor에 의해 만들어진 방법으로, Lowry-Folin 정량법과 함께 현재까지도 가장 많이 사용되고 있는 단백질 정량법 중 하나이다. 이 방법은 산성 조건에서 Commassie brililiant blue G-250이 단백질의 염기성(basic) 그리고 방향족(aromatic) 아미노산의 곁사슬(side chain)과 결합하며(그림 4-3), 이 결합으로 인해 빨간색에서 파란색을 띠게 된다는 특성을 이용한 것이다. 단백질과의 결합은 Commassie brililiant blue G-250이 가졌던 465 nm에서의 최대 흡광도를 595 nm로 이동시키며, 595 nm에서의 흡광도는 결합한 단백질의 농도와 비례한다. Commassie brililiant blue G-250을 이용한 발색 반응은 2분 이내 일어나며 발색의 안정성은 1시간 정도이므로 이 방법을 이용한 단백질의 정량은 발색 후 1시간 내에 마치는 것이 좋다.

Bradford법은 0 μg/mL부터 2,000 μg/mL까지의 단백질 농도를 측정하는 데 높은 정확도를 보인다. 하지만 고농도 단백질 시료의 농도를 측정할 때 적절하게 희석하여 측정하는 것이 정확도를 높이는 방법이다. 단점으로는 시료에 첨가된 세척제는 Commassie brililiant blue G-250과 단백질 간의 결합을 저해하므로 시료 용액의 선택에 유의해야 한다.

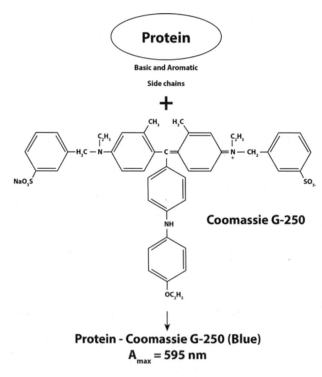

그림 4-3 Bradford 정량법의 원리

2-4. Biuret법

이 방법은 알칼리 조건에서 Cu^{2+}과 단백질의 펩티드 질소(nitrogen)들 간의 결합(그림 4-4)으로, 생성되는 보라색 착화합물의 흡광도를 540~560 nm에서 측정하는 방법이다. 단백질의 아미노산 조성에 큰 영향이 없는 장점을 가지고 있으며, 1~10 mg/mL의 비교적 높은 농도의 단백질 정량에 적합한 방법이다. 이 방법은 Bradford, Lowry 정량법과 같이 표준 단백질을 이용한 표준 곡선이 필요하다.

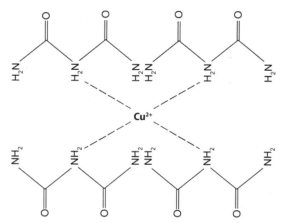

그림 4-4 Cu^{2+}과 단백질의 펩티드 질소(nitrogen)들 간의 결합

2-5. BCA 정량법

이 방법은 Lowry 정량법의 Folin 시약 대신 Bicinchoninate(BCA)를 사용하는 방법이다. 단백질 용액에 Cu^{2+}을 반응시켜 생성된 Cu^{1+}(1단계, 그림 4-5)를 Trp, Tyr 또는 Cys의 도움으로 첨가된 Bicinchoninate(BCA)와 자색 복합체를 형성(2단계, 그림 4-5)하게 함으로써 단백질의 농도를 측정하는 방법으로, 562 nm에서 흡광도를 측정한다.

자외부 흡수법 또는 Bradford 정량법에 비해 아미노산 조성에 따른 발색 정도의 차이가 적으며, 다른 방법에 비해 세척제에 의한 영향 또한 적다. 감도는 1~10 mg/mL로 낮으나, Lowry 방법과 비교하여 계면 활성제(surfactant), EDTA, chelate 화합물, DTT 등에 의해 반응이 저해되지 않는다.

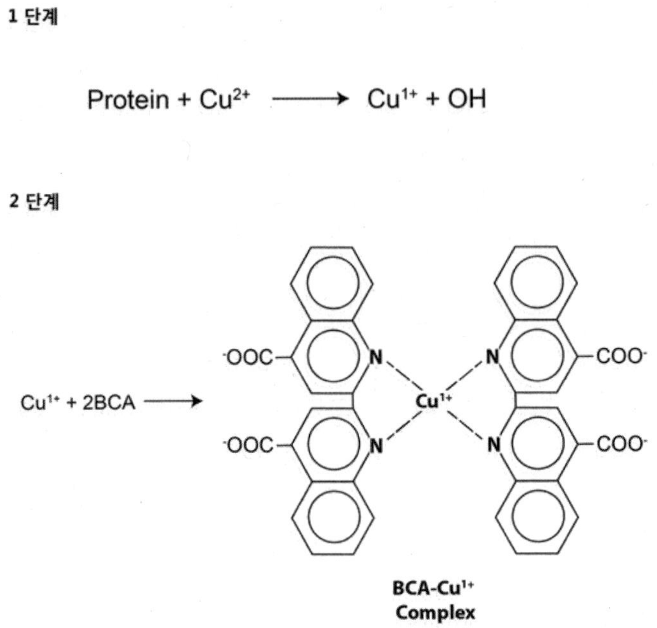

1 단계

$$Protein + Cu^{2+} \longrightarrow Cu^{1+} + OH$$

2 단계

BCA-Cu^{1+} Complex

그림 4-5 BCA 정량법의 원리

2-6. 표준 곡선 작성과 활용

자외부 흡수법을 제외한 대부분의 단백질 정량법은 표준 단백질을 이용한 표준 곡선을 필요로 한다. 표준 곡선은 시료 내 단백질의 농도를 결정하기 위해 다음과 같이 작성할 수 있다.

① 적절한 범위 내 다양한 농도의 **BSA(Bovine Serum Albumin)**를 위에서 소개한 방법들을 통해 반응시키고 분광 광도계로 측정한 값(아래 표)으로 **Excel**과 같은 통계 프로그램(program)을 통해 그래프(graph)를 그린다.

BSA 농도	0	10 mg	20 mg	40 mg
분광 광도계 측정값	0.6	0.19	0.23	0.47

② 각 값을 이용한 직선형 추세선을 작성하고, 식과 회귀 직선의 방정식이 얼마나 자료를 잘 설명하는지를 나타내는 설명력(**R-square**)값을 구해 본다.

③ 그림 **(a)**와 같이 4개의 **BSA** 농도별 회귀 직선 방정식은 $Y = 0.0099X + 0.064$이다. 그리고 이 회귀 직선은 전체 값들을 **97.87%**의 정확도로 설명하고 있다.

④ 이 표준 곡선으로부터 도출된 방정식을 이용하여 시료를 같은 조건에서 같은 방법을 통해 얻은 분광 광도계 값을 방정식에 도입하여 정확한 단백질의 농도를 계산할 수 있다.

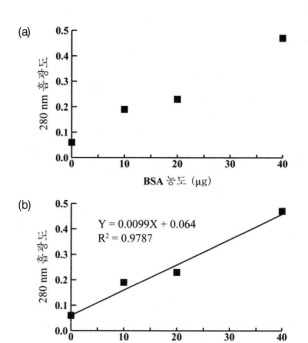

3　시약/시료 및 기기

🧪 시약/시료

① Coomassie brilliant blue G-250

② BSA 표준 단백질(0, 0.025, 0,05, 0.1, 0.2, 0.4 mg/mL); 1 mg/mL BSA 용액을 준비하여 학생들로 하여금 희석(serial dilution)을 통해 표준 단백질 용액을 직접 제작하도록 한다.

③ 특정 단백질을 이용한 시료(2~3개)

🧪 기기

① 큐벳(cuvett), 경로 길이 1 cm

② 분광 광도계

4 실험 방법

4-1. 자외부 흡수법

① 분광 광도계 예열을 위해 전원을 켜고 280 nm에 흡광도를 측정할 수 있도록 프로그램한다.

② 준비한 시료와 같은 완충 용액을 기준 용액으로 사용하여 분광 광도계를 0으로 조절한다.

③ 큐벳(cuvette)의 기준 용액을 회수하고 증류수로 2~3회 세척 후 큐벳 내 용액을 완전히 제거하고 시료를 넣어 280 nm에서 흡광도를 측정한다.

④ 분광 광도계를 다시 260 nm 흡광도 측정을 위해 프로그램한다.

⑤ 위의 ②~③번 과정을 반복한다.

⑥ 280, 260 nm 흡광도 값을 아래 공식에 대입하여 시료 내 단백질 농도를 계산한다.

$$단백질\ 농도(mg/mL) = (1.55 \times A_{280}) - (0.76 \times A_{260})$$

• 기계적 오차를 줄이기 위해 같은 시료를 3회 반복하여 측정하는 것이 좋다.

4-2. Bradford 정량법

Bradford 정량법에 기초한 Bio-Rad 단백질 분석 용액을 사용하여 실습하여 보자.

① 분광 광도계의 전원을 켜고 595 nm에서 흡광도를 측정할 수 있도록 예열한다.

② 표준 곡선 작성을 위하여 0, 1.2, 2.5, 5, 10, 15 μg/mL의 BSA 용액을 1 mL씩 제조한다.

③ 800 μL의 표준 용액과 시료를 마이크로 튜브(micro-tube)에 넣고, 200 μL의 농축된 염색 시약(coomassie brilliant blue G-250)을 첨가한다.

④ 상온에서 5분 이상 배양한다(1시간 이상 방치하지 말 것).

⑤ 595 nm에서 발색된 표준 용액과 시료의 흡광도를 측정한다.

⑥ 표준 용액의 측정값을 이용하여 표준 곡선을 완성하고 도출된 방정식을 이용하여 시료의 단백질 농도를 계산한다.

5 참고 문헌

[1] Bradford, MM (1976) Rapid and sensitive method for the quantitation of microgram quantities of protein utilizing the principle of protein-dye binding, Anal. Biochem. 72: 248–254.

[2] Lowry OH, Rosebrough NJ, Farr AL, Randall RJ (1951) Protein measurement with the Folin phenol reagent. J. Biol. Chem. 193: 265–75.

6 실험 결과 보고서

학과 _____ 학번 _____ 성명 _____ 교수명 _____

서론 (Introduction)
• 실험의 목적과 이론적 배경을 이해하고 기술한다.

재료 및 방법 (Materials & Methods)
• 사용한 재료 및 실험 방법에 대해 기술한다.

실험 결과 (Results)

• 조별 수행한 실험 결과에 대해 기술한다.

논의 (Discussion)

• 결과에 대한 생물학적 의미와 개별/조별 논의에 대해 기술한다.

5장

황산암모늄 침전법을 이용한 단백질 염석

1 학습목표

- 단백질 용해도에 미치는 염의 영향을 이해한다.
- 용해도 변화를 통한 단백질 분획 방법을 실습하고 그 원리를 이해한다.

2 이론

수용액에서 단백질은 표면에 존재하는 친수성 아미노산 잔기들이 물과의 상호작용을 통해 용해되어 있는데, 친수성 잔기의 비율이 높을수록 단백질의 용해도는 높고 소수성 잔기의 비율이 높을수록 용해도는 낮아진다. 단백질 용해도는 여러 환경적 요인에 의해서도 영향을 받는데, 특히 염은 수용액에서 이온화되어 단백질과 물과의 상호작용에 큰 영향을 미친다. 단백질은 염이 없는 순수한 물에서는 표면의 양전하 부위와 음전하 부위 간의 자가 응집(self-aggregation) 때문에 흔히 낮은 용해도를 나타낸다. 따라서 수용액에 염을 첨가하면 일정 낮은 농도(< 0.5M)까지는 단백질 표면의 양전하 또는 음전하를 중화시키는 작용을 하여 단백질 응집을 막고 용해도가 증가하는데 이를 염해(salting-in)라 한다. 반면에 수용액의 염 농도가 일정 수준을 초과하여 계속 증가하면 염으로부터 해리된 이온이 물 분자와 상호작용함으로써 단백질과 상호작용할 수 있는 물 분자가 감소한다. 그 결과 단백질-단백질 상호작용이 물-단백질 상호작용보다 강해지고 이로 인해 단백질 간 응집이 발생하며 침전이 되는데 이를 염석(salting-out)이라 한다(그림 5-1).

단백질 분리 과정에서 초기 세포 추출물을 얻은 후, 일반적으로 수행하는 다음 단계의 실

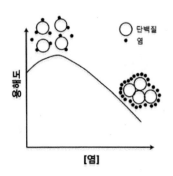

그림 5-1 염 농도에 따른 단백질의 용해도

험은 황산암모늄 침전[ammonium sulfate precipitation, $(NH_4)_2SO_4$]이다. 황산암모늄은 수용액에서 매우 높은 용해도를 나타내며 암모늄이온(NH_4^+)과 황산이온(SO_4^{2-})으로 이온화되는데, 이들 이온은 높은 염석 활성을 보이지만 일반적으로 단백질 구조에는 큰 영향을 미치지 않거나 오히려 안정화시키는 것으로 알려져 있다. 또한 황산암모늄의 포화용액(4.1 M)의 밀도(ρ = 1.235 g/cm³, 25°C)는 다른 염에 비해서 낮은 편이다. 이러한 이유로 황산암모늄은 매우 높은 수준의 이온강도(ion strength)를 요구하는 단백질 염석 실험에 적합하여 오래 전부터 단백질 분리에 이용되어 왔다.

황산암모늄 침전 실험에서 분리하고자 하는 단백질의 용해도를 모를 때는 그림 5-2와 같이 수용액 내 황산암모늄의 농도가 20~60% 포화도(% saturation)가 되도록 시약을 첨가하

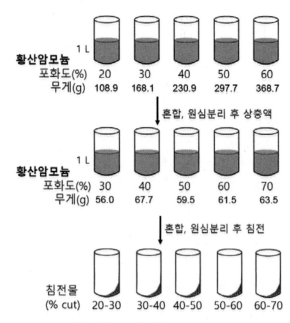

그림 5-2 단백질 염석을 위한 황산암모늄 % 포화도의 적용 예

며 염석을 실시한다. 이후 상층액을 취하여 **30~70%** 포화도가 되도록 황산암모늄을 첨가하며 다시 염석을 수행한다. 각 침전물을 분석하여 원하는 단백질이 포함된 분획을 확인하면, 이후에는 해당하는 황산암모늄 포화도 범위 조건에 단백질 분획화를 수행할 수 있다.

이때 첨가하는 고체 황산암모늄의 양은 아래 식을 통해 구할 수 있다(1L, 25°C 기준).

$$g\left(=515\times\frac{(C_i-C_o)}{(100-0.27\times C_i)}\right)$$

g, 요구되는 고체 황산암모늄 양 (g)
C_o, 초기 황산암모늄 농도 (% 포화도)
C_i, 최종 황산암모늄 농도 (% 포화도)

예를 들어, 그림 **5-2**의 실험과정을 통해 원하는 단백질이 황산암모늄 **30~40%** 포화도에서 염석이 되는 것을 알았다면, 먼저 **1L** 용액당 **30%** 포화도에 해당하는 **168.1g**(=515×$\frac{(30-0)}{(100-0.27\times30)}$)의 고체 황산암모늄으로 염석을 한다. 원심분리 후 상층액을 취한 뒤 **40%** 황산암모늄 포화도가 되도록 **1L** 용액당 **67.7g**(=515×$\frac{(40-30)}{(100-0.27\times40)}$)의 황산암모늄을 첨가하여 염석을 한다. 원심분리 후 침전물을 적절한 완충액에 녹이면 **30~40%** 황산암모늄 포화도로 분획한 단백질을 얻게 된다. 이후 과량의 염은 젤 거름 크로마토그래피 또는 투석(**dialysis**)을 통해 제거한다.

3 시약/시료 및 기구

시약/시료
- 황산암모늄 [$(NH_4)_2SO_4$]
- 단백질 추출물

기구
- 저온실(cold room, 4°C)
- 원심분리 튜브
- 고속 원심분리기(4°C)
- 자석교반기(magnetic stir plate)
- 자석막대(magnetic stir bar)
- 전자저울

- 시약스푼
- 유산지(weighing paper)
- 비커
- 메스실린더(measuring cylinder)

4 실험방법

4-1. 황산암모늄에 대해 낮은 용해도를 갖는 단백질 제거

① 준비된 단백질 추출물의 부피를 측정하고 30% 포화도에 해당하는 황산암모늄을 표 5-1을 참조하여 준비한다. (시료의 부피가 100 mL일 경우 30% 포화도에 해당하는 황산암모늄은 16.8 g이다.)

② 단백질 추출물을 원심분리 튜브 또는 비커로 옮긴 후 자석막대를 넣고 자석교반기 위에서 황산암모늄을 조금씩 천천히 첨가하며 녹인다. 황산암모늄이 완전히 녹은 후 30분 동안 방치한다. (본 과정은 단백질의 변성을 방지하기 위해 저온실에서 수행한다.)
※ 황산암모늄을 조금씩 천천히 첨가하며 녹이는 이유에 대해 생각해 본다.

③ 자석막대를 제거하고 원심 분리(15,000g, 20분, 4℃) 후 상층액을 새 원심분리 튜브 또는 비커로 옮긴다.

④ 필요시 침전물은 얼음 또는 4℃에 보관하였다가 SDS-PAGE나 단백질 분석에 이용한다.

4-2. 원하는 단백질의 염석

① 앞 단계에서 회수한 상층액(30% 황산암모늄 포화도에서 침전되지 않은 단백질)의 부피를 측정하고 50% 포화도에 해당하는 황산암모늄을 표 5-1을 참조하여 준비한다. (상층액의 부피가 100 mL일 경우 50% 포화도에 해당하는 황산암모늄은 11.9 g이다.)

② 단백질 추출물을 원심분리 튜브 또는 비커로 옮긴 후 자석막대를 넣고 자석교반기 위에서 황산암모늄을 조금씩 천천히 첨가하며 녹인다. 황산암모늄이 완전히 녹은 후 30분 동안 방치한다.

③ 자석막대를 제거하고 원심 분리(15,000g, 20분, 4℃)를 이용하여 상층액을 제거한다. (필요시 상층액은 얼음 또는 4℃에 보관하였다가 SDS-PAGE나 단백질 분석에 이용한다).

④ 침전물은 최소 부피의 적절한 단백질 버퍼에 용해시킨 후 투석이나 젤 거름 크로마토그래피를 통해 시료에 녹아있는 과량의 염을 제거한다.

기타 고려 사항

1. 본 실험에서는 30~50% 포화도의 단백질 염석법을 예로써 기술하였지만, 단백질마다 용해도가 다르기 때문에 원하는 단백질에 맞는 포화도를 미리 실험적으로 결정해야 한다.

2. 고농도의 황산암모늄을 포함하는 샘플을 투석 없이 바로 SDS-PAGE나 단백질 분석에 이용하고자 할 때는 염이 없는 버퍼에 충분히 희석을 하여 이용한다.

각 포화도에 필요한 황산암모늄 양은 아래 표를 참조하여 결정할 수도 있다.

표 5-1 황산암모늄 포화도와 양(100 mL 용액 기준)

최종 농도(% 포화도)

초기 농도 (% 포화도)	20	25	30	35	40	45	50	55	60	65	70	75	80	85	90	95	100
0	10.7	13.6	16.6	19.7	22.9	26.2	29.5	33.1	36.6	40.4	44.2	48.3	52.3	56.7	61.1	65.9	70.7
5	8	10.9	13.9	16.8	20	23.2	26.6	30	33.6	37.3	41.1	45	49.1	53.3	57.8	62.4	67.1
10	5.4	8.2	11.1	14.1	17.1	20.3	23.6	27	30.5	34.2	37.9	41.8	45.8	50	54.4	58.9	63.6
15	2.6	5.5	8.3	11.3	14.3	17.4	20.7	24	27.5	31	34.8	38.6	42.6	46.6	51	55.5	60
20	0	2.7	5.6	8.4	11.5	14.5	17.7	21	24.4	28	31.6	35.4	39.2	43.3	47.6	51.9	56.5
25		0	2.7	5.7	8.5	11.7	14.8	18.2	21.4	24.8	28.4	32.1	36	40.1	44.2	48.5	52.9
30			0	2.8	5.7	8.7	11.9	15	18.4	21.7	25.3	28.9	32.8	36.7	40.8	45.1	49.5
35				0	2.8	5.8	8.8	12	15.3	18.7	22.1	25.8	29.5	33.4	37.4	41.6	45.9
40					0	2.9	5.9	9	12.2	15.5	19	22.5	26.2	30	34	38.1	42.4
45						0	2.9	6	9.1	12.5	15.8	19.3	22.9	26.7	30.6	34.7	38.8
50							0	3	6.1	9.3	12.7	16.1	19.7	23.3	27.2	31.2	35.3
55								0	3	6.2	9.4	12.9	16.3	20	23.8	27.7	31.7
60									0	3.1	6.3	9.6	12.9	16.6	20.4	24.2	28.3
65										0	3.1	6.4	9.6	13.4	17	20.8	24.7
70											0	3.2	6.4	10	13.6	17.3	21.2
75												0	3.2	6.7	10.2	13.9	17.6
80													0	3.3	6.8	10.4	14.1
85														0	3.4	6.9	10.6
90															0	3.4	7.1
95																0	3.5
100																	0

5 참고문헌

[1] Burgess RR (2009) Protein Precipitation Techniques. Methods in Enzymology, 463:331-337.

[2] Duong-Ly KC, Gabelli SB (2014) Salting out of proteins using ammonium sulfate precipitation. Methods in Enzymology. 541:85-94.

6 결과 보고서

학과 _____ 학번 _____ 성명 _____ 교수명 _____

서론 (Introduction)   • 실험의 목적과 이론적 배경을 이해하고 기술한다.

재료 및 방법 (Materials & Methods)   • 사용한 재료 및 실험 방법에 대해 기술한다.

실험 결과 (Results)

• 조별 수행한 실험 결과에 대해 기술한다.

논의 (DIscussion)　　　　　• 결과에 대한 생물학적 의미와 개별/조별 논의에 대해 기술한다.

6장

단백질 투석

1 학습목표

- 투석의 원리를 이해한다.
- 단백질 투석막의 특성을 이해하고 그 적용방법을 실습한다.

2 이론

투석(dialysis)은 반투막을 경계로 용질이 고농도 용액으로부터 저농도 용액으로 평형을 이룰 때까지 확산되는 현상을 말한다. 생화학 실험에서 염석 또는 유기 용매로 침전한 단백질은 원하지 않는 무기염, 환원제, 유기용매와 같은 저분자 불순물을 포함하게 되는데, 투석튜브(dialysis tubing)를 이용하여 이러한 불순물을 제거할 수 있다. 그림 6-1과 같이 반투막(20~100 μm 두께의 다공성 regenerated cellulose 필름)으로 이루어진 투석튜브는 막에 미세한 구멍을 가지고 있어 염이나 유기용매와 같은 저분자는 평형에 이를 때까지 막 투과가 용이하나, 단백질과 같은 거대분자는 막을 통과하지 못한다. 따라서 투석에 사용하는 용매의 부피를 증가시키거나 새로운 용매로 자주 교체하게 되면 단백질 시료에 포함되어 있는 저분자 불순물을 제거할 수 있게 된다. 예를 들어, 무기염을 포함하는 1 mL의 단백질 시료를 200 mL의 투석 완충액(buffer)에 평행에 도달할 때까지 투석을 하면 단백질 시료의 무기염 농도는 200배 감소하게 된다. 이때 200 mL의 새로운 투석 완충액으로 교환하여 투석을 계속하면 원래의 무기염 농도보다 40,000배 감소하게 된다. 단백질 투석은 용질의 확산 원리를 이용하기에 단백질 시료의 조성을 바꾸고자 할 때도 이용할 수 있다. 투석에 사용되는 용매는 단백질 시료의 용매보다 과량(보통 200~500배 부피)을 사용하기 때문에 투석이 평행에 이르면 단백질 시료의 조성이 외부 완충액 조성으로 바뀌게 된다.

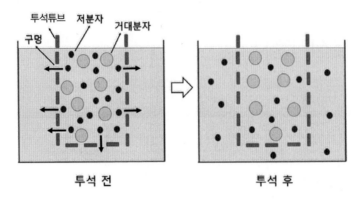

그림 6-1 단백질 투석 원리

반투막의 구멍 크기는 제조 과정에 따라 다양하게 조절할 수 있는데, 구멍 크기는 분자량 컷오프(molecular weight cut-off, MWCO)로 나타낸다. 예를 들어 10kDa MWCO의 반투막은 15~50 Å의 구멍 크기를 가지는데, 이는 10kDa 이상의 분자량을 갖는 단백질의 통과를 허용하지 않는다. 하지만 실제 실험에서는 MWCO가 정교하게 적용되지는 않는다. 따라서 원하는 단백질의 분자량보다 20~50배 작은 MWCO를 사용하는 것이 일반적이다.

3 시약/시료 및 기구

🧪 시약/시료

- 무기염(0.5~1 M)을 포함하는 단백질 시료
- 투석용 완충액[50mM NaCl, 10mM phosphate (pH 7.2)]
- 투석튜브(3kDa MWCO)와 클립

🖐 기구

- 자석교반기
- 자석막대
- 비커
- 저온실(4°C)
- 전도도 측정기(conductivity meter)

4 실험방법

투석튜브와 투석 완충액은 목적과 단백질 크기에 따라 적절히 선택하여 사용할 수 있다. 또한 투석튜브는 맨손으로 만지지 않도록 주의하고 모든 실험 과정은 일반적으로 저온실에서 수행한다.

① 투석튜브를 적절한 크기로 잘라 증류수 또는 투석 완충액에 담궈 충분히 젖도록 한다.
② 투석튜브 내부와 외부를 증류수 또는 투석 완충액으로 5~10분간 씻어준다.
③ 투석용 클립으로 투석튜브 한쪽 면을 막고, 단백질 시료를 투석튜브 내로 주입한 후, 투석용 클립으로 나머지 한쪽 면을 막아준다. (단백질 시료를 넣기 전, 완충액을 이용하여 튜브에 새는 곳이 없는지 확인한다.)
④ 단백질 시료 부피보다 200배 이상의 투석용 완충액이 담긴 비커에 투석튜브를 넣는다.
⑤ 자석교반기 위에서 자석막대를 이용하여 천천히 섞어준다. (자석막대와 투석튜브가 충돌하지 않도록 교반 속도를 적절히 조절한다).
⑥ 2시간 후 새로운 완충액으로 교환하고 2시간 이상 충분히 투석을 계속한다.
⑧ 투석튜브를 꺼내어 조심스럽게 클립을 풀고 파이펫을 이용하여 단백질 시료를 회수한다.

> **기타 고려 사항**

1. 투석 전후의 단백질 시료와 투석용 완충액의 무기염 농도를 전도도 측정기로 측정하여 투석 여부를 확인한다.

5 참고문헌

[1] Walker JM (2009) The Protein Protocols Handbook. Third Edition. Springer-Verlag New York, LLC.
[2] Berg, JM (2007) Biochemistry, 6th ed. New York: W.H. Freeman and Company. p. 69.

6 결과 보고서

학과 _____ 학번 _____ 성명 _____ 교수명 _____

서론 (Introduction)　　　　　• 실험의 목적과 이론적 배경을 이해하고 기술한다.

재료 및 방법 (Materials & Methods)　　　• 사용한 재료 및 실험 방법에 대해 기술한다.

실험 결과 (Results)

• 조별 수행한 실험 결과에 대해 기술한다.

논의 (DIscussion)   • 결과에 대한 생물학적 의미와 개별/조별 논의에 대해 기술한다.

7장

분배 크로마토그래피

1 학습 목표

- 분배 크로마토그래피(partition chromatography)의 원리를 이해한다.
- 분배 크로마토그래피의 종류와 방법을 학습한다.
- 분배 크로마토그래피를 이용한 물질의 분리 및 동정 방법을 습득한다.

2 이론

2-1. 크로마토그래피 일반

생화학 연구의 중요한 목적 중 하나는 생명체를 구성하는 물질을 분리하여 그 특성과 기능을 규명하는 것이다. 생체는 단백질, 핵산 등과 같은 고분자 화합물은 물론 당, 유기산, 아미노산과 같은 다양한 저분자 화합물로 구성되어 있다. 이러한 생체 구성 물질의 동정이나 특성 및 기능 규명을 위해서는 시료로부터 목표 물질을 분리하여야 한다. 크로마토그래피는 물질을 분리하고 동정하는 가장 효과적인 방법이다. 크로마토그래피에서 시료 물질은 물리적으로 구별되는 이동상(mobile phase)과 정지상(stationary phase)에 놓이게 된다. 이동상은 물질이 이동하는 추진력(driving force)을 주며, 정지상은 물질의 이동을 저지하는 머무름 효과(retarding effect)를 준다. 크로마토그래피 과정 동안 물질의 이동성은 추진력과 머무름 효과의 균형에 의해 결정되며, 시료 물질들은 상대적 이동성 차이에 의해 서로 분리된다. 크로마토그래피에서 이동상은 액체 또는 기체로서 전개 용매(developing solvent) 또는 전개제(developer)라 하고, 정지상은 고체 또는 액체로서 흡착제(sorbent)라고 한다. 크로마토그래피에 의해 분리되는 시료 물질은 solute라고 한다. 흡착제가 고체 지지체에 결합된 액체일 경우, 이 지지체를 support 또는 매트릭스(matrix)라고 한다.

크로마토그래피는 시료 물질의 분리 원리에 따라 분배 크로마토그래피(partition chromatography)와 흡착 크로마토그래피(adsorption chromatography)로 나눈다. 크로마토 그래피는 실행 형태에 따라 종이나 얇은 막을 이용하여 시료 물질을 평면적으로 전개하는 평면 크로마토그래피(planar chromatography)와 시료 물질을 컬럼(column)을 통해 전개하는 컬럼 크로마토그래피(column chromatography)로 나눈다.

2-2. 분배 크로마토그래피의 원리

분배 크로마토그래피는 물질들이 이동상과 정지상에 서로 다르게 분배되는 현상을 이용하여 물질을 분리하는 방법이다. 물질이 이동상과 정지상에 놓이게 되면 스스로 두 상으로 분배가 되는데, 물질의 분배 정도를 분배 계수(partition coefficient, K_D)로 나타낸다.

$$K_D = \frac{\text{concentration of solute in stationary phase}}{\text{concentration of solute in mobile phase}}$$

분배 크로마토그래피를 이해하기 위해 비커에 물(stationary phase 역할)과 부탄올 (mobile phase 역할)처럼 섞이지 않는 두 개의 용매가 담긴 시스템을 가정한다(그림 7-1). 이 시스템에 분배 계수가 다른 두 물질 A($K_D = 3$)와 B($K_D = 1$)를 넣는다. A는 물과 부탄올에 3:1의 비율로 분배될 것이며, B는 1:1의 비율로 분배될 것이다. 따라서 A와 B 각각 256분자가 있다고 가정하면, A는 물에 192개, 부탄올에 64개로 분배될 것이다. B는 물에 128개, 부탄올에 128개로 분배될 것이다.

물이 담긴 두 번째 비커를 준비한다. 첫 번째 비커로부터 부탄올층을 두 번째 비커로 옮긴다. 그리고 첫 번째 비커에는 부탄올을 새로 첨가한다. 이때 첫 번째 비커와 두 번째 비커에서 A와 B의 분배를 생각해 본다. 첫 번째 비커에서 물층에 남아 있던 192개의 A는 또다시 물에 144개, 부탄올에 48개로 분배될 것이며, 128개의 B는 물에 64개, 부탄올에 64개로 분배될 것이다. 두 번째 비커에서는 첫 번째 비커에서 옮겨 온 64개의 A가 물에 48개, 부탄올에 16개로 분배될 것이며, 128개의 B는 물에 64개, 부탄올에 64개로 분배될 것이다. 이와 같은 방법으로 물이 담긴 비커의 수를 증가시키고 이동상인 부탄올층을 다음 비커로 옮겨 주면, 그림 7-1에서 보는 것처럼 B가 상대적으로 A보다 빠르게 추가되는 비커로 이동하는 것을 알 수 있다. 이는 분배 계수 차이에 의해 A와 B의 이동성이 달라짐을 의미한다. 결국 물이 담긴 비커가 무수히 증가되고 부탄올층을 계속 이동시키면 상대적 이동성 차이에 의해 A와 B가 분리된다.

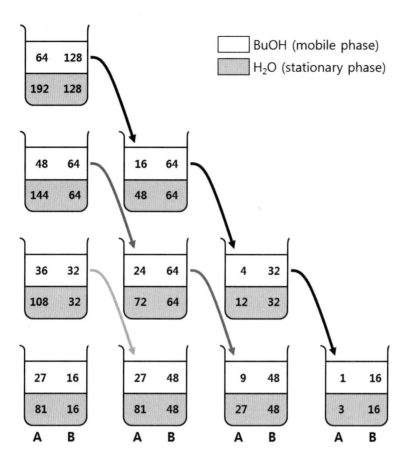

그림 7-1 분배 계수 차이에 의한 물질의 분리 원리

2-3. 종이 크로마토그래피와 얇은 막 크로마토그래피

종이 크로마토그래피(paper chromatography)와 얇은 막 크로마토그래피(thin-layer chromatography)는 평면 크로마토그래피 방법으로 실행하는 대표적인 분배 크로마토그래피 기법으로 주로 저분자 화합물의 분리에 이용된다.

■ 종이 크로마토그래피

종이 크로마토그래피에는 셀룰로스(cellulose)로 만든 크로마토그래피 종이를 사용한다. 셀룰로스는 매트릭스 역할을 하며, 셀룰로스에 결합된 물 분자가 정지상으로 작용한다. 따라서 종이 크로마토그래피는 주로 극성 물질의 분리에 사용된다. 시료는 크로마토그래피 종이에 점으로 적재(loading)하고, 전개를 위해 전개 용매에 담근다(그림 7-2). 전개 용매로

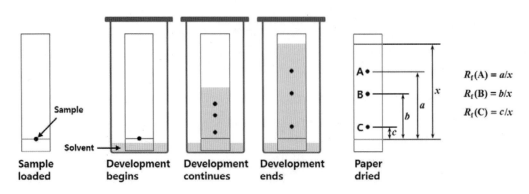

그림 7-2 Planar chromatography 과정과 solute의 R_f값

는 주로 알코올과 같은 극성 용매가 사용된다. 크로마토그래피 종이에 적재된 시료 물질은 셀룰로스에 결합된 물과 전개 용매 사이에 분배된다. 전개 용매가 전개됨에 따라 시료 물질들은 각자의 분배 계수에 따라 다른 속도로 이동한다. 전개 용매의 전개 방법은 중력 방향으로 전개하는 하향식(descending) 방법과 중력의 반대 방향으로 전개하는 상향식(ascending) 방법이 있다. 그림 7-2는 상향식 방법에 의한 전개를 보여주고 있다. 전개 용매의 전개 거리에 대한 시료 물질의 이동 거리 비를 R_f라 한다(그림 7-2). 그림에서 시료 물질 A의 $R_f = a/x$이다. 분배 계수가 다른 시료 물질 A, B, C는 서로 다른 R_f값을 가진다. 시료 물질의 R_f값은 크로마토그래피에 사용되는 정지상 및 전개 용매에 따라 달라진다.

■ 얇은 막 크로마토그래피

얇은 막 크로마토그래피(TLC)에는 유리 또는 플라스틱 판 위에 가루 형태의 지지체(support)로 균일하게 얇은 막을 입힌 TLC 판을 사용한다. 얇은 막을 만들기 위한 지지체로는 silica gel, aluminum oxide 같은 무기물과 셀룰로스, polyamide와 같은 유기물 등 다양한 재료들이 사용된다. 전개 용매는 TLC 판의 제작에 사용된 지지체와 분리하려는 시료의 종류에 따라 다양하게 사용된다. 실험 방법은 앞에서 설명한 종이 크로마토그래피와 거의 동일하다. 종이 크로마토그래피가 극성 물질의 분리에 사용되는 것과 달리 TLC는 다양한 지지체를 선택할 수 있고, 따라서 극성에 관계없이 다양한 물질의 분리에 사용할 수 있다. 또한 TLC는 종이 크로마토그래피에 비해 분리능(resolving power)이 뛰어나고 실험 소요 시간이 짧은 장점을 가지고 있다.

2-4. 시료의 검출

전개 용매의 전개가 끝나면 크로마토그래피 종이나 TLC 판을 건조시킨 후 분리된 시료 물질의 위치를 확인한다. 색소 화합물은 고유의 색에 의해 쉽게 확인된다. 또한 형광 물질의 경우는 자외선을 조사하여 물질이 내는 형광을 이용하여 검출할 수 있다. 하지만 당, 유기산, 아미노산과 같이 많은 생체 구성 물질들은 색이나 형광을 내지 않으므로, 화학 반응을 통해 발색시켜 검출한다. 유기 화합물의 검출에 일반적으로 사용되는 방법으로는 진한 황산(concentrated H_2SO_4)이나 아이오딘(요오드, I_2)을 이용한 발색이다. 진한 황산을 이용한 발색법은 진한 황산을 크로마토그래피 판에 뿌리고 100℃에서 수 분간 가열하면 유기 화합물들이 검은색으로 발색된다. 아이오딘을 이용한 발색법은 아이오딘이 들어 있는 용기에 크로마토그래피 판을 넣고 밀폐시키면 아이오딘 증기에 의해 유기 화합물들이 갈색으로 발색된다. 일반적인 발색 시약 외에도 유기 화합물의 종류에 따라 특정한 발색 시약을 사용하기도 한다. Ninhydrin은 아미노산의 아미노기와 반응하여 발색된다. Rhodamine B는 지질의 발색에 사용되고, aniline phthalate는 당의 검출에 사용되는 발색 시약이다.

3 시약/시료 및 기기

시약/시료

① 당 시료; glucose, arabinose, rhamnose, xylose [0.5%(w/v) sugar in 10% isopropanol]

② 아미노산 시료; glycine, methionine, glutamic acid, tryptophan [1%(w/v) in water]

③ BAW 용매; n-BuOH : Acetic acid : H_2O = 4 : 1 : 5

④ PhOH-H_2O 용매; PhOH : H_2O = 3 : 1 (w/v)

⑤ Aniline hydrogen phthalate 용액; dissolving aniline (9.2 mL) with phthalic acid (16 g) in n-BuOH (490 mL), Et_2O (490 mL) and H_2O (20 mL)

⑥ Ninhydrin 용액; 0.1% ninhydrin in acetone

기기

① 크로마토그래피 종이(whatman, 1 Chr)

② TLC 판(merck, Silica gel 60)

③ 모세 피펫(capillary pipet)

④ 전개통(developing tank)

⑤ 집게, 분무기, 연필, 막대

⑥ 가열판(hot plate)/드라이어

4 실험 방법

4-1. 종이 크로마토그래피를 이용한 당의 분리와 동정

① 크로마토그래피 종이를 적당한 길이로 잘라서 준비한다.

 • 크로마토그래피 종이에 맨손이 닿지 않도록 장갑을 착용한다.

② 크로마토그래피 종이 아래쪽에 **1~2 cm** 간격을 두고 연필로 선을 긋는다. 시료를 적재(loading)할 위치를 연필로 교차되게 그어 표시한다[그림 **7-3 (a)**].

③ 당 표준 시료와 미지 시료를 모세 피펫을 이용하여 표시한 위치에 점을 찍듯이 적재한다[그림 **7-3 (b)**].

 • 가능한 한 작은 점으로 적재하기 위해 먼저 적재한 시료 용매가 마른 후 같은 위치에 다시 적재한다. 적당량의 시료가 적재될 때까지 적재를 반복한다.

④ **BAW** 용매를 전개통(developing tank)에 담는다.

 • 물과 부탄올은 섞이지 않으므로, 가만히 두면 용매가 두 층으로 분리된다.

⑤ 집게를 이용하여 시료가 적재된 크로마토그래피 종이를 막대에 매달고, **BAW** 용매의 위층에 담근다[그림 **7-3 (c)**].

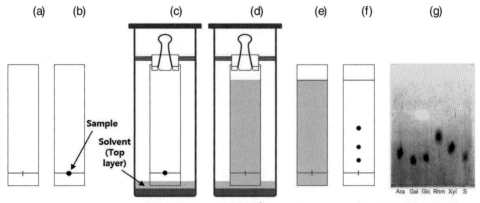

그림 7-3 종이 크로마토그래피 과정[(a)~(f)], (g) 종이 크로마토그래피를 이용한 당 분석 예
Ara; arabinose, Gal; galactose, Rhm; rhamnose, Xyl; xylose, S; unknown sample.

⑥ 전개 용매가 크로마토그래피 종이의 거의 끝에 도달하면[그림 7-3 (d)] 종이를 꺼내서 전개를 중단한다. 연필로 용매가 전개된 위치를 표시하고[그림 7-3 (e)] 건조시킨다.

⑦ 크로마토그래피 종이를 aniline hydrogen phthalate 용액에 담갔다 꺼내서 105°C에서 5분간 가열하여 발색시킨다[그림 7-3 (f), (g)].

⑧ 전개 용매의 이동 거리와 시료의 이동 거리를 측정하여 R_f값을 구하고 미지의 당 시료를 동정한다.

4-2. 얇은 막 크로마토그래피를 이용한 아미노산의 분리와 동정

① TLC 판을 적당한 길이로 잘라서 준비한다.
   • TLC 판에 맨손이 닿지 않도록 장갑을 착용한다.

② TLC 판 아래쪽에 1~2 cm 간격을 두고 연필로 선을 긋는다. 시료를 적재(loading)할 위치를 연필로 교차되게 그어 표시한다[그림 7-4 (a)].

③ 아미노산 표준 시료와 미지 시료를 모세 피펫을 이용하여 표시한 위치에 점을 찍듯이 적재한다[그림 7-4 (b)].
   • 가능한 한 작은 점으로 적재하기 위해 먼저 적재한 시료 용매가 마른 후 같은 위치에 다시 적재한다. 적당량의 시료가 적재될 때까지 적재를 반복한다.

④ PhOH-H₂O 용매가 담긴 전개통에 아미노산 시료가 적재된 TLC 판을 비스듬히 기대어 담근다[그림 7-4 (c)].

⑤ 전개 용매가 TLC 판의 거의 끝에 도달하면[그림 7-4 (d)], 꺼내서 전개를 중단한다. 연필로 용매가 전개된 위치를 표시하고[그림 7-4 (e)] 건조시킨다.

⑥ TLC 판에 ninhydrin 용액을 뿌리고 105°C에서 10분간 가열하여 발색시킨다[그림 7-4 (f)].

⑦ 전개 용매의 이동 거리와 시료의 이동 거리를 측정하여 R_f값을 구하고 미지의 아미노산 시료를 동정한다.

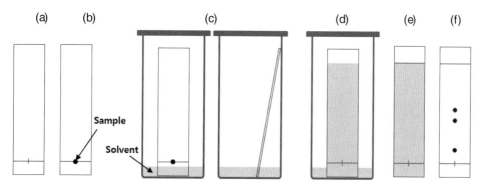

그림 7-4 얇은 막 크로마토그래피 과정[(a)~(f)]

5 참고 문헌

[1] Boyer R (2000) Modern Experimental Biochemistry 3rd edn. San Francisco: Benjamin/Cummings.

[2] Freifelder D (1982) Physical Biochemistry: Applications to Biochemistry and Molecular Biology 2nd edn. San Francisco: W. H. Freeman and Company.

[3] Harborne JB (1984) Phytochemical Methods: A Guide to Modern Techniques of Plant Analysis 2nd edn. London: Chapman and Hall.

6 실험 결과 보고서

학과 —————— 학번 —————— 성명 —————— 교수명 ——————

서론 (Introduction) • 실험의 목적과 이론적 배경을 이해하고 기술한다.

재료 및 방법 (Materials & Methods) • 사용한 재료 및 실험 방법에 대해 기술한다.

실험 결과 (Results)　　　　　　　　　　　• 조별 수행한 실험 결과에 대해 기술한다.

논의 (DIscussion)　　　　• 결과에 대한 생물학적 의미와 개별/조별 논의에 대해 기술한다.

8장

이온 교환 크로마토그래피

1 학습 목표

- 이온 교환 크로마토그래피(ion-exchange chromatography)의 원리를 이해한다.
- 이온 교환체(ion-exchanger)의 종류와 선택에 대하여 학습한다.
- 이온 교환 크로마토그래피를 이용한 물질의 분리 방법을 습득한다.

2 이론

2-1. 흡착 크로마토그래피(adsorption chromatography)

흡착 크로마토그래피는 시료 물질(solute)이 고체 정지상에 흡착되는 현상을 이용한 물질의 분리 방법이다. 대부분의 흡착 크로마토그래피의 경우 고체 정지상과 액체 이동상이 사용된다. 고체 정지상으로 사용되는 흡착제(adsorbent)로는 alumina, silica gel, calcium phosphate 등이 있다. 용액 속의 시료 물질이 정지상 표면과 만나면, 이 둘 사이의 ionic 또는 hydrophobic interaction, 수소 결합 등 다양한 상호 작용에 의해 결합될 수 있다. 고체 정지상과 시료 물질 사이의 결합이 가역적이라면, 결합의 세기는 시료 물질의 농도, 용매의 종류 등에 따라 달라진다. 결합 세기가 강한 시료 물질은 정지상에 더 오래 머무른다. 따라서 흡착 크로마토그래피에서는 정지상과의 결합 세기가 약한 물질이 강한 물질보다 더 빨리 이동한다. 정지상 역할을 하는 고체 흡착제는 유리 또는 플라스틱으로 된 컬럼(column)에 채워서 사용한다. 이동상으로는 용매나 완충 용액을 사용하며, 이동상을 컬럼에 채워진 흡착제를 통해 흘려보냄으로써 물질을 분리한다.

2-2. 이온 교환 크로마토그래피

■ 원리

이온 교환 크로마토그래피는 흡착 크로마토그래피의 일종으로 이온 교환체(ion-exchanger: charged functional group을 가진 solid support)와 이온성 시료 물질(ionic solute) 사이의 가역적인 전기적 상호 작용(electrostatic interaction)을 이용하여 물질을 분리하는 방법이다.

이온 교환 크로마토그래피는 이온 교환체를 컬럼에 충전하여 실행한다. 컬럼에 충전된 이온 교환체의 하전된 작용기(charged functional group)는 완충 용액의 반대 이온(counterion)과 결합하고 있다[그림 8-1 (a)]. 시료를 적재(loading)하고[그림 8-1 (b)] 시작 완충 용액을 흘려주면 시료 물질들이 채워진 교환체로 들어간다. 그림 8-1처럼 양이온 교환체(cation exchanger)를 사용할 경우 양전하 물질(positive charged solute)들은 이온 교환체의 음전하 작용기(negative functional group)와 결합한다[그림 8-1 (c)]. 결합의 세기는 시료 물질의 전하 크기 및 밀도에 따라 달라진다. 음전하 물질(negative charged solute)이나 전하가 없는 물질은 교환체와 결합하지 않고 흘러나간다[그림 8-1 (c)]. 결합한 시료 물질의 용출(elution)은 이온 교환체 전하와 반대 전하를 가진 이온(반대 이온)이 포함된 완충 용액을 이용한다[그림 8-1 (d, e)]. 완충 용액 내의 반대 이온의 농도를 점차 높여 주면 이온 교환체와의 결합력이 약한 물질부터 강한 물질의 순서로 용출된다.

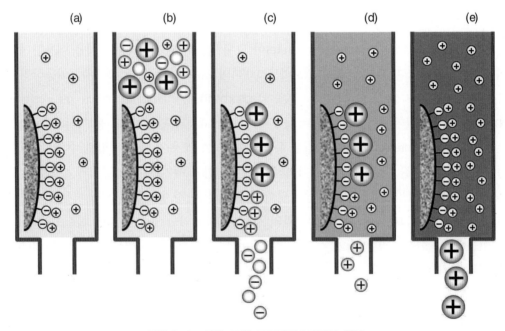

그림 8-1 이온 교환 크로마토그래피의 원리

■ 이온 교환체(Ion-exchanger)의 종류와 선택

이온 교환체는 불활성 매트릭스에 양전하 작용기(positive functional group)가 결합된 음이온 교환체(anion exchanger)와 음전하 작용기(negative functional group)가 결합된 양이온 교환체(cation exchanger)가 있다. 매트릭스의 소재로는 dextran, agarose와 같은 polysaccharide gel과 cellulose 그리고 polystyrene, polyphenolic resin 등이 쓰인다. Polystyrene, polyphenolic resin으로 만든 이온 교환체는 주로 저분자 물질의 분리에 사용되고, cellulose나 polysaccharide gel로 만든 이온 교환체는 주로 고분자 화합물의 분리에 사용된다. 이온 교환체는 결합된 작용기의 이온화 세기에 따라 강이온 교환체(strong ion-exchanger)와 약이온 교환체(weak ion-exchanger)로 나눈다. Sulfonic group(SO_3^-)이 결합된 교환체는 강산성 양이온 교환체(strongly acidic cation exchanger)이며, carboxyl group(COO^-)은 약산성 양이온 교환체(weakly acidic cation exchanger)의 작용기이다. 강염기성 음이온 교환체(strongly basic anion exchanger)의 작용기는 주로 quaternary amino group이며, 약염기성 음이온 교환체(weakly basic anion exchanger)의 경우는 aromatic 또는 aliphatic amino group이 결합되어 있다. 강이온 교환체는 시료 물질과의 결합이 강하기 때문에 용출을 위하여 이온 세기(ionic strength)나 pH 변화가 커야 한다. 반면 약이온 교환체는 비교적 적은 이온 세기나 pH 변화를 통하여 전하 차이가 적은 물질의 분리가 가능하다. 따라서 단백질과 같은 고분자 화합물의 분리에는 일반적으로 약이온 교환체가 사용된다. 단백질 분리에 많이 사용되는 하전된 작용기는 양이온 교환체의 경우는 carboxymethyl (CH_3COO^-) group이고, 음이온 교환체의 경우는 diethylaminoethyl($OCH_2CH_2N^+H(C_2H_5)_2$) group이다.

기본적으로 이온 교환체의 선택은 시료 물질의 전하에 따라 달라진다. 분리하고자 하는 물질이 음전하를 가진다면 이온 교환체는 양전하를 가진 음이온 교환체를 선택한다. 이와 같이 시료 물질이 단일 전하(positive or negative)를 가지면 이온 교환체의 선택은 명료하다. 하지만 많은 생체 화합물들(예, 단백질)이 음전화와 양전하를 모두 가진다. 이런 물질들의 알짜 전하(net charge)는 pH에 따라 달라진다. pH가 등전점(isoelectric point)보다 높으면 음의 알짜 전하(negative net charge)를 가지게 되고, 이 경우에는 음이온 교환체를 선택하면 된다. 반대로 pH가 등전점보다 낮으면 양의 알짜 전하(positive net charge)를 가지게 되고, 이 경우는 양이온 교환체를 선택한다. 단백질과 같은 고분자 화합물은 pH에 따라 안정성이 영향을 받을 수 있다. pH 변화에 따라 안전성이 영향을 받는 물질을 분리하는 경우, 분리하려는 화합물이 안정한 pH를 선택하고, 그에 따라서 적절한 이온 교환체를 선택한다.

■ 이온 교환 크로마토그래피 절차

① **충전(Packing):** 컬럼에 exchanger bed를 만드는 과정으로 이온 교환체를 충분한 양 (3~5 volume of exchanger)의 물(또는 시작 완충 용액)과 섞어서 슬러리(slurry)를 만든다. Exchanger bed의 높이 대 지름의 비율을 2 : 5 정도로 만들 수 있는 컬럼을 준비한다. 분리능이 좋아야 하는 경우는 지름에 대한 높이의 비율이 큰 관이 좋다. 준비한 교환체 슬러리를 컬럼에 붓는다. 교환체를 충분히 가라앉혀 치밀한 exchanger bed가 만들어지도록 한다. 충전이 완료되면 충분한 양의 시작 완충 용액을 흘려주어 이온 교환체를 평형화시킨다.

② **시료 적재(Sample loading):** 분리하려는 시료를 exchanger bed 위에 올린다. 완충 용액을 흘려 시료가 exchanger bed로 들어가서 이온 교환체와 결합할 수 있도록 한다.

③ **세척(Washing):** 충분한 양의 시작 완충 용액을 흘려서 이온 교환체에 결합하지 않는 시료 물질이 컬럼에서 빠져나가도록 한다.

④ **용출(Elution):** 이온 교환체에 결합하고 있는 시료 물질을 전개 용매를 흘려주어 분리하는 과정이다. 전개 용매는 주로 완충 용액을 사용한다. 크로마토그래피 과정에서 관에서 용출되어 나오는 용액을 용출액(eluent)이라 한다. 시료를 적재 후 특정 시료 물질이 용출되어 나오는 데까지의 용출액의 부피를 용출 부피(elution volume)라 한다. 이온 교환체에 결합하고 있는 시료 물질들은 전개 용매의 이온 세기나 pH를 변화시킴으로써 용출할 수 있다. 용출 방법은 이온 세기나 pH를 계단식으로 변화시키는 단계적 용출(stepwise elution)과 점진적으로 변화시키는 기울기 용출(gradient elution)이 있다(그림 8-2). 전개 용매의 농도 기울기를 만들기 위해 gradient mixer를 사용한다(그림 8-2).

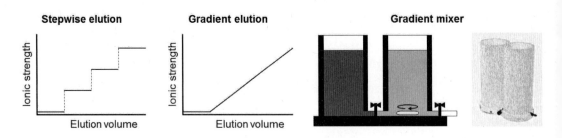

그림 8-2 이온 교환 크로마토그래피의 용출 방법 및 gradient mixer. Gradient mixer 내 반대 이온의 농도는 배출구 쪽(그림 오른쪽)이 저농도이며, 반대쪽(그림 왼쪽)이 고농도임.

3 시약/시료 및 기기

시약/시료

① 이온 교환체; DEAE-cellulose

② 시작 완충 용액; 50 mM Tris-Cl (pH 7.5)

③ 용출 완충 용액; 50 mM Tris-Cl (pH 7.5) containing 0.1, 0.2, 0.3, 0.5 or 1 M NaCl

④ 단백질 시료; bovine serum albumin (BSA, pI = 5.3), cytochrome c (pI=10)

⑤ Bradford dye; Protein assay dye reagent concentrate (Bio-Rad), 5배 희석

기기

① 크로마토그래피용 컬럼/silicon tubing/잠금꼭지

② Gradient mixer

③ 진공 플라스크/진공 펌프

④ 스탠드/집게

⑤ 포집 튜브(collection tube)/튜브 랙(tube rack)

⑥ 파스퇴르 피펫(pasteur pipette)/피펫 고무(rubber bulb)

⑦ UV/Vis 분광 광도계(UV/Vis Spectrophotometer)/큐벳(cuvette)

4 실험 방법

4-1. 이온 교환 컬럼 제작

■ 이온 교환체 준비(Preparing the exchanger)

① 이온 교환체를 충분한 양(2~4 이온 교환체 부피)의 물과 섞어서 슬러리를 만들고, 이온 교환체를 가라앉힌다.

- 이온 교환체의 양은 시료 속의 모든 이온성 물질과 결합할 수 있는 용량의 2~5배 정도로 한다.

② 이온 교환체가 약 **90%** 가라앉으면 불순물이나 미세 조각들을 제거하기 위해 상층액을 조심스럽게 버린다. 충분한 양(2~4 gel bed 부피)의 완충 용액을 첨가하여 섞은 후 불순물 제거 과정을 수차례 반복한다.

③ 매트릭스에 잡혀 있는 공기를 제거하기 위해, 교환체 슬러리를 진공 플라스크에 담아서 진공 상태에 둔다. 공기를 효과적으로 제거하기 위해 가끔 흔들어서 섞어 준다.
  • ②, ③ 과정은 필요시 실행한다.

■ **컬럼 충전(Packing the column)**

④ 적절한 크기의 크로마토그래피 컬럼을 준비하여 스탠드와 집게를 이용하여 세운다[그림 8-3 (a)].
  • 바닥이 fritted disc로 막힌 컬럼을 사용하거나, 아니면 거름종이, 유리솜, 솜 등을 이용하여 바닥을 막는다.
  • 바닥의 컬럼 배출구(column outlet)는 잠금꼭지 등을 이용하여 여닫을 수 있게 한다.

⑤ 이온 교환체 슬러리를 컬럼 벽면을 따라 조심스럽게 붓는다[그림 8-3 (b)].

⑥ 치밀한 exchanger bed가 만들어지도록 이온 교환체를 충분히 가라앉힌다[그림 8-3 (c)].
  • 이온 교환체가 가라앉는 중간에 컬럼 배출구를 열어 주면 치밀한 exchanger bed를 만드는 데 도움이 된다.

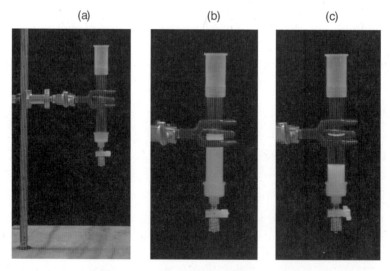

그림 8-3 이온 교환 크로마토그래피 준비

⑦ 3~5 컬럼 부피(column volume)의 시작 완충 용액(50 mM Tris, pH 7.5)을 흘려주어 이온 교환체를 평형화시킨다.

- 일반적으로 컬럼 크로마토그래피에서 column volume은 gel bed volume과 같은 의미로 쓰인다.
- 필요하면 컬럼으로부터 흘러나오는 완충 용액의 pH나 전도율을 측정하여 첨가한 완충 용액과 같은지 확인한다.

4-2. 이온 교환 크로마토그래피

■ **시료의 준비 및 적재(Preparing and loading the sample)**

① 시작 완충 용액에 BSA와 cytochrome c를 각각 1 mg/mL의 농도로 녹여서 시료를 준비한다.

② 원심 분리(10,000×g, 5분) 또는 여과(0.2 μm pore size 필터)를 통하여 불순물을 제거한다.

③ 컬럼 배출구를 열어서 완충 용액을 흘려보내고, 완충 용액이 exchanger bed 표면에 도달하면 배출구를 잠근다[그림 8-4 (a)].

④ 피펫을 이용하여 시료를 exchanger bed 위에 조심스럽게 적재한다[그림 8-4 (b)]).
- 포집 튜브(collection tube)를 준비하여 컬럼 배출구 아래에 위치시킨다.

⑤ 컬럼 배출구를 열어 시료가 exchanger bed 안으로 들어가게 한다. 시료가 모두 exchanger bed 안으로 들어가면 컬럼 배출구를 잠근다[그림 8-4 (c)].
- 이때부터 용출액을 포집 튜브에 모은다.

| (a) | (b) | (c) | (d) |

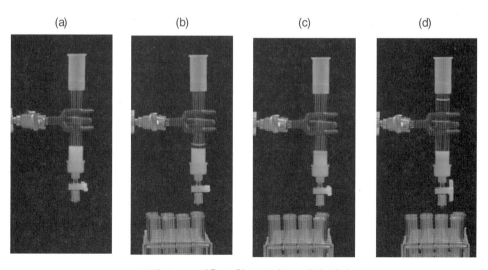

그림 8-4 이온 교환 크로마토그래피 과정

■ **세척 및 용출(Washing and elution)**

⑥ **세척**: 시작 완충 용액(3~5 컬럼 부피)을 exchanger bed 위에 조심스럽게 붓고, 컬럼 배출구를 열어서 완충 용액이 exchanger bed 표면에 도달할 때까지 흘려보낸다[그림 8-4 (d)]. 흘러나오는 용출액을 일정한 부피(1 컬럼 부피)로 포집 튜브에 모은다.

• 이 과정에서 이온 교환체와 결합하지 않는 시료 물질들이 씻겨져 나간다.

⑦ **용출**

• 단계적 용출(stepwise elution)
  - 0.1, 0.2, 0.3, 0.5, 1 M NaCl이 포함된 완충 용액(각 3 컬럼 부피)을 준비한다.
  - 0.1 M NaCl 완충 용액을 exchanger bed 위에 조심스럽게 붓고, 컬럼 배출구를 열어서 완충 용액이 exchanger bed 표면에 도달할 때까지 흘려보낸다.
  - 흘러나오는 용출액을 일정한 부피(1 컬럼 부피)로 포집 튜브에 모은다.
  - 0.2, 0.3, 0.5, 1 M NaCl 완충 용액으로 반복한다.

• 기울기 용출(gradient elution)
  - 0.1과 0.5 M NaCl이 포함된 완충 용액(각 5 컬럼 부피)을 준비한다.
  - 0.1과 0.5 M NaCl 완충 용액을 각각 gradient mixer에 담는다.
    Gradient mixer 배출구 쪽의 용기에 0.1 M NaCl 완충 용액을 담는다.
  - Gradient mixer 배출구를 컬럼에 연결한다.
  - 컬럼 배출구를 열어서 용출하고, 흘러나오는 용액을 일정한 부피(1 컬럼 부피)로 포집 튜브에 모은다.

⑧ 아래의 방법을 이용하여 각 분획의 단백질을 검출한다.

• 각각의 분획을 큐벳에 담고 UV/Vis 분광 광도계를 이용하여 280 nm에서 흡광도를 측정한다.
  - 단백질은 tryptophan과 tyrosine 잔기에 의해 280 nm의 빛을 흡수한다.

• 각각의 분획으로부터 소량의 시료를 취하여 튜브에 옮긴다. 5배 희석된 Bradford dye를 첨가하고 발색하여 색 변화를 관찰한다. 또는 시료를 큐벳에 담고 UV/Vis 분광 광도계를 이용하여 595 nm에서 흡광도를 측정한다.
  - Bradford dye는 단백질과 결합하여 파란색을 나타낸다.

⑨ 각 분획의 흡광도와 용출 부피를 이용하여 **elution profile**을 그려서 시료 물질의 분리를 확인한다.

※ 시료 물질의 용출 양상을 예상하고, 실제 실험 결과와 비교해 본다.

5 참고 문헌

[1] Bollag DM, Rozycki MD, Edelstein SJ (1996) Protein Methods 2nd edn. New York: Wiley-Liss, Inc.

[2] Boyer R (2000) Modern Experimental Biochemistry 3rd edn. San Francisco: Benjamin/Cummings.

[3] Cooper TG (1977) The Tools of Biochemistry 1st edn. New York: John Wiley and Sons, Inc.

[4] Freifelder D (1982) Physical Biochemistry: Applications to Biochemistry and Molecular Biology 2nd edn. San Francisco: W. H. Freeman and Company.

6 실험 결과 보고서

학과 —————— 학번 —————— 성명 ————— 교수명 —————

서론 (Introduction)
• 실험의 목적과 이론적 배경을 이해하고 기술한다.

재료 및 방법 (Materials & Methods)
• 사용한 재료 및 실험 방법에 대해 기술한다.

실험 결과 (Results)

• 조별 수행한 실험 결과에 대해 기술한다.

논의 (DIscussion) ・결과에 대한 생물학적 의미와 개별/조별 논의에 대해 기술한다.

9장

젤 거름 크로마토그래피

1 학습 목표

- 젤 거름 크로마토그래피(gel filtration chromatography)의 원리를 이해한다.
- 젤 거름 크로마토그래피를 이용한 단백질의 분리 방법을 습득한다.
- 젤 거름 크로마토그래피를 이용한 단백질 크기 결정 방법을 학습한다.

2 이론

2-1. 원리

Gel filtration chromatography는 gel permeation chromatography, molecular sieve chromatography, size exclusion chromatography 등으로 불린다. 젤 거름 크로마토그래피는 물질을 크기 차이에 의해 분리하는 방법으로 주로 단백질, 핵산 등 생체 내 고분자 화합물의 분리에 이용된다. 젤 거름 크로마토그래피에서는 컬럼에 충전된 gel bead[일정 크기의 구멍(pore)을 가진 비활성 입자]가 정지상으로 작용한다. 다양한 크기의 시료 물질을 gel bed에 통과시키면, 젤의 구멍보다 더 큰 물질은 젤 안으로 들어가지 못하므로[그림 9-1 (a)] 젤에 의해 이동이 저해되지 않는다[그림 9-1 (b)]. 반면 젤의 구멍보다 작은 물질은 젤 안으로 들어갈 수 있으므로[그림 9-1 (a)] 젤에 의해 이동이 저해된다[그림 9-1 (b)]. 물질의 크기가 작을수록 젤 안으로 들어갈 확률이 커지며, 그에 따라 이동이 더 느려진다. 이런 원리로 젤 거름 크로마토그래피에서는 분자량이 큰 물질부터 먼저 용출된다[그림 9-1 (c)].

젤 거름 크로마토그래피에서 gel bed 부피(V_t)에서 gel bead가 차지하는 부피(V_x)를 제외한 부피를 틈새 부피(void volume, V_0)라 한다. 젤 구멍보다 큰 물질은 젤 안으로 들어

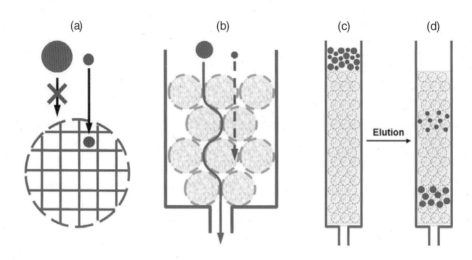

그림 9-1 젤 거름 크로마토그래피의 원리

가지 못하고 gel bead 사이 공간으로 이동하므로 틈새 부피에서 용출된다. 일반적으로 젤 거름 컬럼의 틈새 부피는 blue dextran을 이용하여 결정한다. Blue dextran은 분자량이 2,000,000 dalton인 고분자 색소 화합물로, 일반적으로 사용하는 gel bead의 pore 크기보다 더 크다. 따라서 blue dextran은 gel bead 사이 공간으로 이동하고, blue dextran의 용출 부피(elution volume, V_e)를 측정하여 해당 컬럼의 틈새 부피로 결정한다.

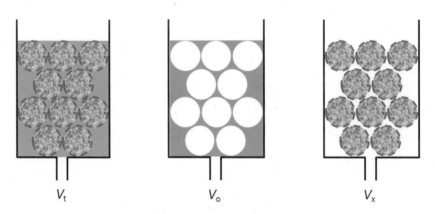

V_t V_o V_x

그림 9-2 젤 거름 크로마토그래피에서 부피 정의

2-2. 젤 거름 크로마토그래피 매질(Gel filtration chromatographic media)

■ 젤 소재(Gel material)

젤 거름 크로마토그래피에 사용되는 젤은 반응성과 전하가 없고, 균일한 젤 입자 크기 및

표 9-1 젤 거름 크로마토그래피 매질

Gel material	Commercial name	Fractionation range (Dalton)	Supplier
Dextran	Sephadex G-25 Sephadex G-50 Sephadex G-75 Sephadex G-100	1,000~5,000 1,500~30,000 3,000~80,000 4,000~100,000	GE Healthcare
Agarose	Bio-Gel A-0.5m Bio-Gel A-1.5m	10,000~500,000 10,000~1,500,000	Bio-Rad
Acrylamide	Bio-Gel P-6 Bio-Gel P-30 Bio-Gel P-60 Bio-Gel P-100	1,000~6,000 2,500~40,000 3,000~60,000 5,000~100,000	Bio-Rad
Combined acrylamide-agarose	Sephacryl S-100 HR Sephacryl S-200 HR Sephacryl S-300 HR	1,000~100,000 5,000~250,000 10,000~1,500,000	GE Healthcare

pore 크기를 가져야 하고, 기계적으로 단단해야 한다. 이러한 특성을 만족하는 젤 소재로는 dextran, agarose, polyacrylamide, combined polyacrylamide-dextran 등이 있다. Dextran으로 만든 젤로는 Sephadex, agarose로 만든 젤로는 Sepharose와 Bio-Gel A, polyacrylamide 젤로는 Bio-Gel P, 그리고 combined polyacrylamide- dextran 젤로는 Sephacryl 등이 있다 (표 9-1).

■ 젤 모양 및 크기

균일한 gel bead를 만들기 위해 젤 입자는 구형이 가장 좋으므로 제조사들은 젤을 구형으로 만든다. 그래서 젤 입자를 bead라고 한다. 젤 입자의 크기는 분리능(resolution), 흐름 속도(flow rate) 등에 영향을 준다. 젤 입자의 크기가 작을수록 분리능은 좋아지지만 흐름 속도는 느려진다. 젤 입자의 크기는 mesh size 또는 입자의 지름으로 나타낸다. Mesh size 는 1평방인치에 들어가는 입자의 수를 말한다. Gel bead는 입자의 크기에 따라 coarse, medium, fine, superfine으로 나눈다. 젤 입자의 크기는 coarse bead는 100~300 μm (50~100 mesh)이고 fine bead는 20~80 μm(200~400 mesh)이다. 일반적으로 단백질의 분리에 사용되는 젤 입자의 크기는 50~150 μm(100~200 mesh)이다.

■ 배제 한계/분별 범위(Exclusion limit/Fractionation range)

시료 물질의 크기가 gel bead의 구멍 크기와 같거나 크면 시료 물질은 젤 안으로 들어가지 못한다. 이런 경우 시료 물질이 배제(exclude)되었다고 한다. 배제 한계(Exclusion limit) 는 젤에 의해 배제되는 시료 물질의 최소 분자량이다. Gel bead는 특정한 크기의 구멍을 가지고 있으며, 구멍의 크기에 의해 분리할 수 있는 시료 물질의 크기 범위가 달라진다. Gel bead가 분리할 수 있는 시료 물질의 분자량 범위를 분별 범위(fractionation range)라고 한다(표 9-1).

2-3. 젤 거름 크로마토그래피의 응용

■ 탈염/완충 용액 교환(Desalting/buffer exchange)

젤 거름 크로마토그래피를 이용하여 상대적으로 분자량 차이가 많이 나는 물질을 쉽게 분리할 수 있다. 이런 경우를 group separation이라고 한다. 예를 들어 NaCl과 같은 염이 많이 포함된 단백질 시료로부터 염을 제거하는 경우를 생각해 보자. 단백질과 같은 고분자 화합물을 배제시키는 젤을 선택하여 젤 거름 크로마토그래피를 실행하면, 단백질은 틈새 부피에서 용출되고 염은 젤에 머무르게 되므로 단백질과 염을 쉽게 분리할 수 있다. 이와 같이 고분자 화합물 시료에서 염을 제거하는 과정을 탈염(desalting)이라 한다. 탈염에는 Sephadex G-25(fractionation range; 1,000~5,000 Da)나 Bio-Gel P-4(fractionation range; 1,000~6,000 Da)와 같은 젤을 주로 사용한다.

탈염과 유사하게 단백질과 같은 고분자 화합물 시료의 완충 용액을 교환할 수 있다. Sephadex G-25나 Bio-Gel P-4 젤을 바꾸고 싶은 완충 용액과 함께 슬러리를 만들어 컬럼에 충전하고, 단백질 시료를 컬럼에 통과시킨다. 단백질 시료는 바꾸고자 하는 완충 용액과 함께 용출되고 원래 단백질 시료에 들어 있던 완충 용액 분자는 컬럼에 남는다.

탈염이나 완충 용액 교환의 경우 gel bed의 지름 대 높이의 비는 5~10 정도이며, 시료의 양은 gel bed 부피의 10~25% 정도로 한다.

■ 생체 분자의 분리(Separation of biomolecules)

젤 거름 크로마토그래피를 이용하여 분자량이 다른 물질이 섞여 있는 시료로부터 원하는 물질을 분리할 수 있다. 이 경우에는 분리하려는 물질의 크기가 분별 범위에 들어가는 젤을 선택한다. 크로마토그래피 컬럼에 충전된 gel bed의 지름 대 높이의 비는 25~100 정도이며, 시료의 양은 gel bed 부피의 5% 이하로 하는 것이 좋다. 젤 거름 크로마토그래피는 단백질의 분리에 효과적인 크로마토그래피 방법 중 하나이다.

■ 분자량 결정(Molecular weight determination)

젤 거름 크로마토그래피에서 용출 부피는 시료 물질의 분자량에 반비례한다. 따라서 젤 거름 크로마토그래피를 이용하여 시료 물질의 분자량을 결정할 수 있다. 젤 거름 크로마토그래피를 이용하여 분자량을 알고 있는 표준 물질의 용출 부피를 결정한다. 표준 물질의 용출 부피와 분자량의 **log**값에 대한 표준 곡선(standard curve)를 그린다. 분자량을 모르는 시료 물질의 용출 부피를 결정하고, 표준 곡선을 이용하여 분자량을 계산한다. 시료 물질의 분배 계수($K_{av} = V_e - V_0/V_x$)와 분자량의 **log**값에 대한 표준 곡선을 그려서 구하는 방법도 있다. 젤 거름 크로마토그래피는 천연 단백질(native protein)의 분자량을 결정하는 손쉬운 방법이다.

3 시약/시료 및 기기

시약/시료

① Gel filtration media; Sephadex G-100 (or Sephacryl S-200)

② 단백질 시료; BSA (66 kD), ovalbumin (45 kD), carbonic anhydrase (29 kD), cytochrome c (12.4 kD), aprotinin (6.5 kD)

③ Blue dextran (2,000 kD)

④ 완충 용액; 50 mM Tris-Cl (pH 7.5), 100 mM NaCl

기기

① 크로마토그래피용 컬럼/잠금꼭지/완충 용액 저장 용기

② 진공 플라스크/진공 펌프

③ 스탠드/집게

④ 포집 튜브(collection tube)/튜브 랙(tube rack)

⑤ 파스퇴르 피펫(pasteur pipette)/피펫 고무(rubber bulb)

⑥ UV/Vis 분광 광도계(UV/Vis spectrophotometer)/큐벳(cuvette)

4 실험 방법

4-1. 젤 거름 컬럼 제작

■ **젤 준비(Preparing the gel)**

① 젤 가루에 충분한 양(약 10배)의 완충 용액[50 mM Tris-Cl (pH 7.5), 100 mM NaCl]을 넣어서 충분히 불린다.
  • 제조사에서 제공하는 젤의 **water regain**과 **bed volume** 값을 참고하여 젤과 완충 용액의 양을 결정한다.
  • 균일하게 젤을 불리기 위해 때때로 흔들어 준다.
  • 제조사에서 제공하는 젤의 **minimum hydration time**을 참고하여 충분한 시간 동안 젤을 불린다. 불리는 시간을 단축시키기 위해 경우에 따라서 끓이기도 한다.

② 젤을 충분히 불린 후 **gel bead**가 약 90% 정도 가라앉으면 불순물이나 미세 조각들을 제거하기 위해 상층액을 조심스럽게 버린다.

③ **Gel bead**에 충분한 양(2~4 gel bed 부피)의 완충 용액을 첨가하여 섞은 후 **gel bead**가 약 90% 정도 가라앉으면 불순물이나 미세 조각을 제거하기 위해 상층액을 조심스럽게 버린다. 이 과정을 수차례 반복한다.

④ 젤 매트릭스에 잡혀 있는 공기를 제거하기 위해, 젤 슬러리를 진공 플라스크에 담고 진공 상태에 둔다. 공기를 효과적으로 제거하기 위해 가끔 흔들어서 섞어 준다.

■ **컬럼 충전(Packing the column)**

⑤ 적절한 크기의 크로마토그래피 컬럼을 준비하여 스탠드와 집게를 이용하여 세운다[그림 9-3 (a)].
  • 바닥이 **fritted disc**로 막힌 컬럼을 사용하거나, 아니면 거름종이, 유리솜, 솜 등을 이용하여 바닥을 막는다.
  • 높이가 지름의 20배 이상 되는 컬럼을 준비한다. 분리능이 좋아야 하는 경우는 컬럼 지름에 대한 높이의 비율이 큰 컬럼을 준비한다.
  • 바닥의 컬럼 배출구는 잠금꼭지 등을 이용하여 여닫을 수 있게 한다.

⑥ 컬럼에 약간의 완충 용액을 붓고 컬럼 배출구를 열어서 완충 용액을 일부 흐르게 하여 컬럼 지지체에 남아 있는 공기를 제거하고 배출구를 닫는다[그림 9-3 (a)].

⑦ 젤 슬러리를 컬럼 벽면을 따라 조심스럽게 붓는다. 여분의 슬러리는 컬럼에 저장 용기를 연결하여 붓는다[그림 9-3 (b)].

(a)   (b)   (c)

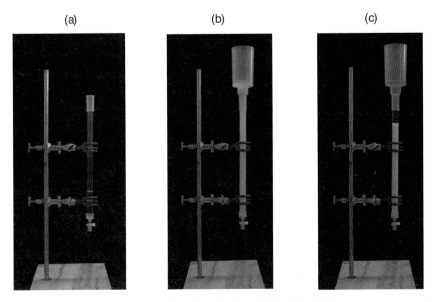

그림 9-3   젤 거름 크로마토그래피 컬럼 준비

- 충전에 사용하는 젤 슬러리는 여분의 완충 용액을 제거하여 젤 부피가 슬러리 전체 부피의 반 이상이 되도록 준비한다.
- 젤 슬러리를 부을 때 공기가 들어가지 않도록 주의한다.
⑧ 젤이 충분히 가라앉아서 치밀하게 충전될 때까지 기다린다[그림 **9-3 (c)**].
- 젤이 일부 가라앉으면 컬럼 배출구를 열어 주고 충전을 진행할 수도 있다.

4-2. 젤 거름 크로마토그래피

■ **틈새 부피**(void volume) **결정/표준 단백질의 분리 및 용출 부피**(elution volume) **결정**
① 표준 단백질과 blue dextran을 완충 용액에 녹여 시료를 준비한다.
- **Gel bed** 부피의 **2%** 이하 부피의 완충 용액에 녹인다.
- 원심 분리($10{,}000 \times g$, 5분) 또는 여과($0.2~\mu m$ **pore size** 필터)를 통하여 불순물을 제거한다.
- 분자량의 차이가 적은 두 개의 단백질은 완전히 분리되지 않을 수 있다. 따라서 각각의 표준 단백질을 따로 완충 용액에 녹여서 시료를 만들거나, 분자량 차이가 큰 두 개의 표준 단백질을 함께 녹여서 시료를 만든다.
- **Blue dextran**은 단백질을 흡착할 수 있으므로 따로 녹여서 시료를 준비하는 것이 좋다.
- 각각의 시료를 이용하여 아래 설명한 방법에 따라 크로마토그래피를 수행한다.

② 컬럼 배출구를 열어서 완충 용액을 흘려보내고, 완충 용액이 **gel bed** 표면에 도달하면 배출구를 잠근다[그림 9-4 (a)].

③ 포집 튜브(collection tube)를 준비하여 컬럼 배출구 아래에 위치시킨다[그림 9-4 (a)].

④ 피펫을 이용하여 **blue dextran** 또는 단백질 시료를 **gel bed** 위에 조심스럽게 적재 (loading)한다[그림 9-4 (b)].

⑤ 컬럼 배출구를 열어서 시료가 **gel bed** 안으로 들어가게 한다. 시료가 모두 **gel bed** 안 으로 들어가면 컬럼 배출구를 잠근다[그림 9-4 (b)].

• 이때부터 용출액을 포집 튜브에 모은다.

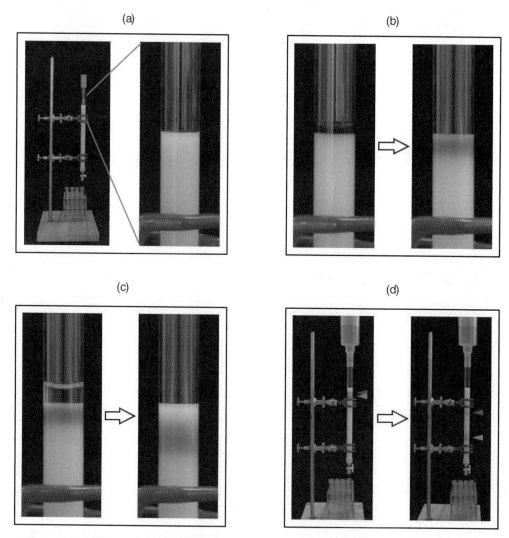

그림 9-4 젤 거름 크로마토그래피 과정. 예) 젤 거름 크로마토그래피를 이용한 blue dextran(파란색) 과 cytochrome c(빨간색)의 분리

⑥ 피펫을 이용하여 소량의 완충 용액을 **gel bed** 위에 조심스럽게 붓는다[그림 9-4 (c)].

⑦ 컬럼 배출구를 열어서 완충 용액이 **gel bed** 안으로 들어가게 한다. 완충 용액이 모두 **gel bed** 안으로 들어가면 컬럼 배출구를 잠근다[그림 9-4 (c)].

⑧ 완충 용액을 **gel bed** 위에 조심스럽게 붓고 완충 용액 저장 용기를 연결한다. 충분한 양의 완충 용액을 저장 용기에 채운다[그림 9-4 (d)]. 컬럼 배출구를 열어서 용출한다.

⑨ 포집 튜브에 일정한 부피(**gel bed** 부피의 약 1/20)로 용출액을 모은다.

⑩ 각각의 분획을 큐벳에 담고 **UV/Vis** 분광 광도계를 이용하여 **280 nm**에서 흡광도를 측정한다.

　• 단백질은 **tryptophan**과 **tyrosine** 잔기에 의해 **280 nm**의 빛을 흡수한다.

⑪ 각 분획의 흡광도와 용출 부피를 이용하여 **elution profile**을 그려서 각각의 시료에 대한 용출 부피를 결정한다.

　• **Blue dextran**의 용출 부피가 컬럼의 틈새 부피가 된다.

4-3. 단백질의 분자량 결정

① 분자량을 모르는 미지 단백질을 완충 용액에 녹여 시료를 준비한다.

　• 4-2. 실험의 시료 부피와 같은 양의 완충 용액에 녹인다.

② 원심 분리 또는 여과를 이용하여 불순물을 제거한다.

③ 4-2. 실험의 ②~⑩ 과정과 같이 수행한다.

④ 미지 시료의 **elution profile**을 그려서 용출 부피를 결정한다.

⑤ 4-2. 실험의 결과를 이용하여 표준 단백질의 용출 부피(또는 K_{av})와 분자량의 **log**값을 이용하여 표준 곡선을 그리고, 직선의 식을 구한다.

⑥ 미지 단백질의 용출 부피(또는 K_{av})를 직선의 식에 대입하여 미지 단백질의 분자량을 계산한다.

5　참고 문헌

[1] Bollag DM, Rozycki MD, Edelstein SJ (1996) Protein Methods 2nd edn. New York: Wiley-Liss, Inc.

[2] Boyer R (2000) Modern Experimental Biochemistry 3rd edn. San Francisco: Benjamin/Cummings.

[3] Cooper TG (1977) The Tools of Biochemistry 1st edn. New York: John Wiley and Sons, Inc.

[4] Freifelder D (1982) Physical Biochemistry: Applications to Biochemistry and Molecular Biology 2nd edn. San Francisco: W. H. Freeman and Company.

6 실험 결과 보고서

학과 _____ 학번 _____ 성명 _____ 교수명 _____

서론 (Introduction) • 실험의 목적과 이론적 배경을 이해하고 기술한다.

재료 및 방법 (Materials & Methods) • 사용한 재료 및 실험 방법에 대해 기술한다.

실험 결과 (Results)

• 조별 수행한 실험 결과에 대해 기술한다.

논의 (DIscussion)   • 결과에 대한 생물학적 의미와 개별/조별 논의에 대해 기술한다.

10장

친화 크로마토그래피

1 학습 목표

• 친화 크로마토그래피의 종류와 원리를 이해한다.
• 친화 크로마토그래피를 이용한 단백질 분리 방법을 실습하고 습득한다.

2 이론

우리는 앞서 다양한 단백질이 가지는 성질을 이용하여 분리하는 크로마토그래피(chro-matography) 방법 중 이온 교환 크로마토그래피(ion-exchange chromatography)와 젤 투과 크로마토그래피(gel-filtration chromatography)에 대하여 배웠다. 이들 방법은 대상 단백질의 알짜 전하(net charge) 크기나 질량을 이용한 것이나, 비슷한 질량과 알짜 전하를 띤 단백질들의 분리는 상대적으로 어려워 대상 단백질만을 한 번에 분리하기에는 용이하지 않다. 이런 점에서 자신이 목적하는 단백질에만 특이적으로 결합하는 물질을 이용하는 친화 크로마토그래피(affinity chromatography)는 대상 단백질을 분리하는 가장 효율적인 방법으로, 대상 단백질(효소)에 특이적으로 결합하는 물질(기질)이나 항체를 고정화한 수지(resin)를 사용한다.

특히 재조합 DNA 기술을 통한 융합 또는 재조합 단백질 제조 기술의 발달은 친화 크로마토그래피에 응용되어 쉽게 대상 단백질을 시료로부터 분리, 정제하여 생물학적/생화학적 기능을 밝히는 데 많이 사용되고 있다. 이때 대상 단백질의 분리 및 정제 또는 탐지를 위해 대상 단백질에 융합되어지는 펩티드나 단백질을 어피니티 태그(affinity tag)라 칭하는데, 글루타치온 전이 효소(Glutathione S transferase, GST), 6개 혹은 8개의 히스티딘(Histidine)을 이용한 히스태그(His-tag), 말토스 결합 단백질(Maltose Binding Protein), intein/chitin

결합 단백질, 특정 펩티드(Flag, HA, 또는 Myc 등)에 특이적으로 반응하는 항체 등 다양한 시스템이 개발되어 상용되고 있다. 상용화되고 있는 이들 시스템은 대상 단백질의 분리 후 융합되어 있는 태그 펩티드나 단백질을 잘라낼 수 있도록 설계되어 있어 순수한 대상 단백질만을 분리할 수 있다. 이 장에서는 최근 가장 많이 사용되고 있는 친화 크로마토그래피를 위한 태그(tag)의 종류와 원리 그리고 융합 단백질의 분리법을 알아보자.

2-1. 히스티딘 태그/니켈(His-tag/Ni-NTA)

니켈과 히스티딘의 결합을 이용하여 단백질을 분리할 수 있는 방법이다(그림 10-1). 원하는 대상 단백질의 아미노 말단(N-yerminus) 또는 카복실 말단(C-terminus)에 6개 혹은 8개의 히스티딘 아미노산이 덧붙어 발현되도록 대상 단백질의 유전자에 CAT(×6 또는 ×8) 뉴클레오티드 시퀀스(neucleotide sequence)를 연결하여 발현 벡터와 발현을 위한 숙주 세포를 통해 재조합 단백질을 발현시킨다. 발현된 단백질은 Nitrilotriacetic acid(NTA)로 고정된 니켈(Ni-NTA)과의 결합을 통해 다른 단백질과 분리되며, 이미다졸(imidazole) 성분이 함유된 버퍼를 통해 Ni-NTA로부터 떼어 내어 정제할 수 있다. 이 방법은 태그가 작아 대상 단백질의 기능에 영향이 작으며, 대상 단백질 유전자의 한쪽 말단 시퀀스에 6개(혹은 8개)의 히스티딘을 인지하는 CAT를 가진 프라이머(primer)를 이용하여 중합 효소 연쇄 반응(polymerase chain reaction)을 통해 쉽게 제작 가능하다. 더불어 다른 태그와는 달리 변성(denaturation) 형태로도 운용이 가능한 장점을 가지고 있다. 반면, 이 시스템은 비특이적 결합이 상대적으로 많아 정제 후에도 대상 단백질 이외의 단백질들이 시료에 많이 잔존함을 알 수 있으며, EDTA와 같은 2가 양이온이 함유된 완충 용액의 사용은 히스티딘-니켈 결합을 방해하므로 사용할 수 없다.

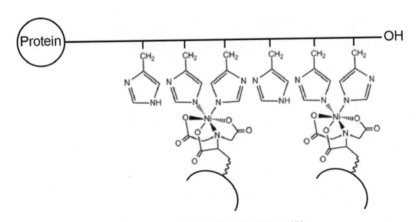

그림 10-1 니켈과 히스티딘 간의 결합

2-2. 글루타치온 전이 효소/글루타치온(GST/GSH)

글루타치온 전이 효소(Glutathion S-transferase, GST) 단백질이 기질로서 글루타치온(GSH)에 특이적 친화력을 가지는 것을 이용한 태그이다. 대상 단백질 유전자의 3′ 말단에 글루타치온 전이 효소(GST) 단백질을 인지하는 유전자를 융합하여 재조합 단백질을 제조할 수 있다. 발현된 재조합 단백질은 글루타치온(GSH)이 고정화된 수지(resin)에 결합하게 되고, 이들 결합 단백질은 글루타치온(GSH)이 함유된 버퍼를 이용하여 회수할 수 있다. 이 방법은 선택성이 높은 반면 발현 수준이 낮아 높은 정제도를 예상할 수 있으며, 항체를 이용하여 단백질 간의 결합을 분석하는 pulldown 분석에도 많이 활용되고 있다. 반면 글루타치온 전이 효소 단백질은 상대적으로 큰 질량(25 kDa)을 가지고 있으며, 자체적으로 이합체(dimer)를 형성하는 단백질로, 태그 단백질의 이합체 형성이 대상 단백질의 활성에 영향을 줄 수 있어 분리 후 제거하는 것이 좋다.

2-3. 말토스 결합 단백질/말토스(MBP: Maltose Binding Protein/Maltose)

말토스 결합 단백질(Maltose Binding Protein, MBP)은 E. coli 단백질로, MBP를 함유한 복합체는 maltodextrin 분해 대사와 흡수를 담당한다. 발현된 MBP 융합 단백질은 아밀로스(amylose)가 결합된 수지에 결합시켜 타 단백질로부터 분리하고, 말토스가 함유된 버퍼로 회수될 수 있다. 단점으로는 말토스 결합 단백질이 370 아미노산으로 구성된 큰(470 kDa) 단백질로 대상 단백질의 구조 변형이나 활성에 영향을 미칠 수 있다는 점이 있으나, 재조합 단백질의 발현 및 정제에 가장 문제가 되는 불용성 단백질을 수용성 단백질로 유도하는 데 앞서 소개한 두 가지의 태그보다 용이하다는 장점을 가지고 있다.

2-4. 기타 에피토프 태그(Epitope-tag)

이 외에도 특정한 짧은 펩티드(peptide)에 특이적으로 반응하는 항체의 개발/제조를 통해 단백질 분리 및 검출에 사용하고 있는데, 이들을 에피토프 태그(epitope tag)라고 한다. 예를 들면 FLAG, Myc, 그리고 HA 태그 등이 있으며, 이들 서열을 특이적으로 인식하는 항체를 활용하여 친화 크로마토그래피를 통한 재조합 단백질 분리에 활용되고 있다. 이들은 그 결합 특이성에 있어 우수하나 항체를 사용하므로 상대적으로 비용이 많이 드는 방법이다.

2-5. 인틴/키틴 결합 도메인(chitin-binding domain)을 이용한 재조합 단백질 제조와 분리

진핵생물의 mRNA가 스플라이싱(splicing)을 통하여 엑손(exon) 영역만 결합되듯이, 발현 후 단백질 차원에서 스스로 펩티드 결합을 끊어 내고 활성에 필요한 두 개의 단백질 절편(엑스틴, extein)을 연결할 수 있는 단백질 절편을 단백질 인트론(protein introns) 또는 인틴(intein)이라 한다(그림 10-2). 이 절편은 태그는 아니지만 태그와 함께 응용하여 발현된 재조합 단백질이 스스로 태그 단백질과 분리될 수 있게 만든 방법이다.

현재 상용 중인 인틴 매개 스플라이싱(splicing) 시스템을 이용한 태그는 셀룰로스 결합 단백질(cellulose binding protein)의 키틴 결합 도메인(domain)을 이용한 인틴/키틴 결합 도메인(chitin-binding domain) 시스템이 있다. 제조된 재조합 단백질은 키틴이 고정화된 수지(resin)에 대한 특이적 결합력을 가진 키틴 결합 도메인에 의해 분리되며, 강한 환원제를 함유한 완충 용액을 이용하여 인틴과 융합되어 있는 대상 단백질을 자기 분해 과정을 유도함으로써 분리해 낼 수 있다(그림 10-3).

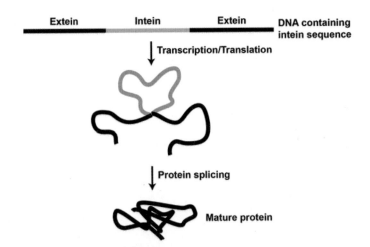

그림 10-2 인틴(intein) 매개 스프라이싱(splicing) 과정

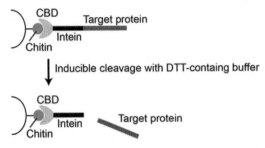

그림 10-3 인틴/키틴 결합 도메인 시스템을 이용한 단백질 분리

이 시스템은 앞서 설명한 바와 같이 별도의 처리 없이 대상 단백질을 융합 단백질 태그와 분리할 수 있다는 장점을 가진다.

3 시약/시료 및 기기

🧪 시약/시료

① Ni-NTA 수지(resin)

② 컬럼(소량의 수지가 충전될 수 있는 작은 컬럼)

③ sodium phosphate 완충 용액 (0.1 M sodium phosphate, pH 7.0)

④ 용출용 완충 용액 [0.1 M sodium phosphate, pH 7.0, 농도별 imidazole(50, 100, 150, 200, 250 mM)]

⑤ 히스티딘 융합 단백질을 함유한 전체 단백질 추출액

🖐 기기

• UV/VIS 분광 광도계

4 실험 방법

4-1. 시료 준비 및 완충 용액 제조

■ 시료 준비

3장의 세포 파쇄를 통한 단백질 추출 방법을 통해 미리 배양된 재조합 단백질 발현 박테리아로부터 전체 단백질을 추출한다. 이 장에서는 대상 단백질의 한쪽 말단에 6개의 Histidine 아미노산이 융합된 재조합 단백질 발현 벡터를 가진 E. coli로부터 추출된 전체 단백질을 사용하여 대상 단백질을 분리하여 보자.

■ 완충 용액 제조

2장의 완충 용액 제조법을 이용하여 적절한 완충 용액을 제조한다.

필요한 완충 용액은 박테리아 세포로부터 단백질을 추출할 때 사용하는 완충 용액,

Ni-NTA 수지(resin)를 이용하여 크로마토그래피 수행 시에 사용하는 세척용 그리고 결합되어 있던 단백질을 분리할 용출용 완충 용액이 필요하다.

■ **단백질 추출, Ni-NTA 수지(resin) 결합과 1차 세척을 위한 완충 용액**

① NaH$_2$PO$_4$(7.42 g)과 Na$_2$HPO$_4$(5.41 g)을 측정하고, 1 L 비커에 넣은 후 약 900 mL의 증류수를 담아 교반한다.

② pH 미터를 이용하여 pH 7이 되도록 적정한다.

③ 제작한 용액을 매스실린더로 옮기고, 1 L가 되도록 물을 첨가하여 완충 용액을 제작한다.

■ **2차 세척과 Ni-NTA 수지(resin)에 결합한 재조합 단백질 분리를 위한 완충 용액**

① NaH$_2$PO$_4$(0.74 g)과 Na$_2$HPO$_4$(0.54 g)을 측정하고, 50 mM(washing용-), 100, 150, 200, 250 mM(elution용-) imidazole의 농도가 되도록 측정하여 각각 200 mL 비커에 넣은 후 약 85 mL의 증류수를 담아 교반한다.

② pH 미터를 이용하여 각각 pH 7이 되도록 적정한다.

③ 제작한 용액을 매스실린더로 옮기고, 100 mL가 되도록 물을 첨가하여 완충 용액을 제작한다.

4-2. 컬럼 제조 및 재조합 단백질 분리

■ **컬럼 제조**

① 소량 시료의 운용에 적절한 작은 컬럼에 적정량의 Ni-NTA 수지(resin)를 적정량(500 μL) 충전한다.

- 수지(resin)의 사용량은 각 수지(resin)가 가진 결합력을 확인한 후 충분한 양을 사용하는 것이 좋다. 본 실험에서는 추출한 전체 단백질의 양에 의존하여 사용량을 결정하는 것이 바람직하다.

② 준비해 둔 0.1 M sodium phosphate 완충 용액을 계속적으로 흘려 컬럼 내부의 조건을 시료 조건과 동일하게 될 수 있도록 평형화(equilibration)한다.

- 일반적으로 컬럼 작업에 사용되는 수지(resin)들은 부패와 변성을 피하고 장기간보관을 위해 유기 용매와 함께 **sodium azide** 성분을 함유하고 있다. 수지(resin)의 사용량이 소량이어서 무시하고 사용하는 경우도 있으나 시료의 조건과 동일하게 평형화하는 것이 대상 단백질의 결합을 최적화할 수 있다.

• 컬럼 조건의 평형은 컬럼을 통해 용출된 용액의 pH를 pH paper나 pH strip을 이용하여 측정하고(2장 2-4. 용액의 pH 측정 참조) 부하한 완충 용액과 동일한지 확인하는 방법을 통해 알 수 있다.

■ 재조합 단백질 분리

① 미리 추출된 단백질 시료를 준비해 둔 컬럼에 수지(resin)가 흩어지지 않도록 조심스럽게 적재하며 용출한다.

  • 효율을 높이기 위해 수지(resin)를 컬럼(column)에 충전시키지 않고 시료가 담긴 튜브(tube)에 직접 섞어 저온 상태에서 1시간 정도 혼탁 배양하는 방법으로 수지(resin)와 재조합 단백질의 결합을 최대화하기도 한다.

② 시료의 용출이 완료되면 1차 세척액을 조심스럽게 부하하고 용출함으로써 수지(resin)와 결합하지 않은 단백질을 제거한다. 일반적으로 컬럼 내 수지(resin) 부피의 6배에서 10배 정도의 완충 용액 용출을 통해 세척한다.

  • 1차 세척이 완료되었음은 용출된 용액을 분광 광도계 280 nm에서 흡광도 측정을 통해 확인할 수 있다.

③ 1차 세척이 완료되면 50 mM imidazole을 함유한 세척액을 이용하여 2차 세척한다. 이 경우 대상 단백질의 결합력에 따라 imidazole의 농도와 세척량을 조절하는 것이 좋으나 컬럼 내 수지(resin) 부피의 4~6배 정도가 적당하다.

③ 2차 세척이 완료되면 순서대로 100, 150, 200, 250 mM의 용출 용액을 수지(resin) 부피와 동일하게(0.5 mL) 적재하고 용출되는 용액을 0.5 mL씩 분획 용기에 받는다.

  • 이온 교환 크로마토그래피(ion-exchange chromatography)에서와 마찬가지로 크로마토그래피 수행 중 완충 용액이 바뀌는 경우 완충 용액의 적재에 각별히 주의해야 한다. 전 단계 완충 용액과 현 단계 완충 용액의 확산에 의한 섞임을 최소화하고 단백질 용출의 최적화를 위한 완충 용액 교환의 방법에 대해 배워 보자.

  • 동일하지는 않으나 특정 농도의 용출 용액 부하 시 용출된 용액은 용액의 imidazole 농도에 있어 이전 단계에 가까움을 고려해야 한다(250 mM 적재 시 용출된 용액은 200 mM imidazole).

  • 최초 적재된 시료로부터 각 단계별 시료를 조금씩 채취하여 단백질 정량(4장)과 SDS-PAGE(11장)와 같은 방법을 통해 단백질 분리 과정을 확인할 수 있도록 한다.

■ **분획별 단백질 측정**

① 분광 광도계 광원의 최적 광도를 위해 15분 정도 이전에 분광 광도계 전원을 켜고 280 nm에 맞춘다.

② 각 단계별 시료에 대한 분광 광도계 기준(reference) 용액을 준비한다.

③ 기준 용액의 흡광도를 0에 조정한다.

④ 기준 용액과 채취해 둔 시료를 분광 광도계에 삽입하고 흡광도를 측정한다.

⑤ 측정값을 가지고 용출 분석도를 완성한다.

※ 280 nm에서 단백질의 양을 간단히 측정할 수 있는 이유를 생각해 본다.

5 참고 문헌

[1] Bollag DM, Rozycki MD, Edelstein SJ (1996) Protein Methods 2nd edn. New York: Wiley-Liss, Inc.

[2] Boyer R (2000) Modern Experimental Biochemistry 3rd edn. San Francisco: Benjamin/Cummings.

6 실험 결과 보고서

학과 _____ 학번 _____ 성명 _____ 교수명 _____

서론 (Introduction) • 실험의 목적과 이론적 배경을 이해하고 기술한다.

재료 및 방법 (Materials & Methods) • 사용한 재료 및 실험 방법에 대해 기술한다.

실험 결과 (Results)

• 조별 수행한 실험 결과에 대해 기술한다.

논의 (DIscussion)

- 결과에 대한 생물학적 의미와 개별/조별 논의에 대해 기술한다.

11장

SDS-PAGE

1 학습 목표

- 전기영동의 원리를 이해한다.
- SDS-PAGE를 이용한 단백질의 분석 방법을 습득한다.
- SDS-PAGE를 이용한 단백질 크기 결정 방법을 학습한다.

2 이론

2-1. 전기영동

전기영동은 하전된 분자(charged molecule)가 전기장(electric field)에서 반대 전하 쪽으로 이동하는 현상을 이용하여 생체 분자를 분리 및 분석하는 방법이다. 시료를 지지체 (support medium)에 적재하고 전기장을 걸어 주면 하전된 분자가 이동한다. 분자의 이동은 전기장의 세기, 지지체의 특성, 그리고 분리되는 분자의 특성(크기, 모양, 전하량 등)에 영향을 받는다. 분자의 이동 속도는 전기장의 세기와 분자의 전하량에 비례하고, 분자의 크기와 모양에 의해 결정되는 마찰 계수(frictional coefficient)에 반비례한다. 전기영동을 위한 지지체로 종이나 얇은 젤이 이용된다. 종이는 주로 저분자 화합물의 분석에 이용되며, 단백질이나 핵산과 같은 고분자 화합물의 분석에는 polyacrylamide 젤이나 agarose 젤과 같은 젤 소재가 주로 사용된다.

2-2. SDS-PAGE

■ PAGE(Polyacrylamide gel electrophoresis)

PAGE는 polyacrylamide 젤을 지지체로 사용하는 전기영동 방법이다. Polyacrylamide 젤은 acrylamide와 가교제(cross-linking agent)인 N,N'-methylene-bis-acrylamide의 자유 라디칼 중합 반응에 의해 만들어진다. 중합 반응의 개시제(initiator)로 ammonium persulfate가 사용되고, 촉매로 N,N,N',N'-tetramethylethylenediamine(TEMED)이 사용된다. Polyacrylamide 젤은 일정한 크기의 구멍을 가지며, 시료 물질은 젤 구멍을 통하여 이동한다. Acrylamide와 N,N'-methylene-bis-acrylamide의 농도 및 비율에 의해 젤 내 구멍의 크기를 조절할 수 있어 다양한 크기의 생체 분자들을 분리할 수 있다. 뿐만 아니라 높은 정밀도와 분리능으로 인해 오래전부터 다양한 크기의 단백질 분리에 널리 사용되어 왔다.

PAGE는 polyacrylamide 젤의 형태에 따라 컬럼 또는 슬랩(slab) 젤 형태로 실행할 수 있다. 컬럼 젤은 유리관에 polyacrylamide 젤을 만들고, 젤 위에 시료를 적재하여 분석한다 [그림 11-1 (a)]. 슬랩 젤은 spacer를 이용하여 두 장의 유리판 사이에 공간을 만들고, 그 공간에 polyacrylamide 젤을 만든다. 젤 형성 시 comb을 이용하여 젤 상단에 여러 개의 sample well을 만들어 시료를 적재할 수 있다[그림 11-1 (b)]. 슬랩 젤은 여러 개의 시료를 동일한 조건에서 분석할 수 있는 장점이 있으므로 생체 분자의 분석에 널리 사용된다.

PAGE의 분리능을 향상시키기 위해 resolving 젤과 stacking 젤로 구성된 discontinuous gel(disc gel) electrophoresis 시스템이 개발되었다[그림 11-1 (c)]. Resolving 젤과 stacking 젤은 acrylamide 농도와 pH가 다르다. Stacking 젤은 낮은 농도의 acrylamide를 사용하고 pH는 6.8이다. Resolving 젤의 pH는 8~9이다. Stacking 젤은 단백질들을 얇은 밴드로 축적하기 위해서 사용된다. 완충 용액에 포함된 glycine은 양쪽성 이온(zwitterions)으로 음전하와 양전하를 모두 가진다. 따라서 glycine은 젤 내의 pH 조건에 따라 순전하(net charge)가 변

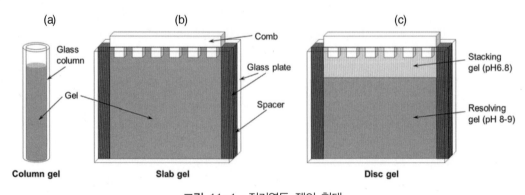

그림 11-1 전기영동 젤의 형태

하고 이로 인해 이동도(mobility)가 변한다.

전기영동을 시작하면 Cl⁻, 단백질, glycine 이온이 모두 양극을 향해 출발한다. Stacking 젤에서는 중성 pH 조건으로 인해, glycine의 순전하가 거의 없게 되므로 국부적으로 전류 감소현상이 발생한다. 따라서 이동도가 빠른 Cl⁻과 이동도가 느린 glycine 이온 사이에 높은 전위차가 발생한다. 이런 전위차로 인해 glycine이 Cl⁻을 빠르게 뒤쫓게 된다. 이동도가 Cl⁻과 glycine 이온의 중간인 단백질은 이 두 이온 사이에 축적되어 이동한다.

Stacking 젤에서는 낮은 acrylamide 농도로 인해 구멍이 크므로 단백질의 분리가 일어나지 않는다. 따라서 많은 부피의 시료에 있던 단백질들도 resolving 젤에 들어가기 전에 얇은 밴드로 축적되어 분리능이 향상된다. Resolving 젤에 도달하면, pH가 높기 때문에 glycine이 음전하를 띠게 되어 이동도가 커지게 되므로 단백질보다 빠르게 이동한다. 음전하를 띤 단백질들은 크기와 전하량에 따라 이동 속도가 달라 서로 분리된다.

■ SDS-PAGE(Sodium dodecyl sulfate-PAGE)

SDS-PAGE는 음이온성 세제인 sodium dodecyl sulfate(SDS)를 이용하여 단백질을 변성 조건에서 분석하고 크기를 결정하는 데 널리 사용되는 전기영동 방법이다. SDS-PAGE에서는 시료를 젤에 적재하기 전에 SDS와 함께 환원제 및 가열을 통하여 시료 단백질을 변성시켜 linear polypeptide chain 형태로 만든다. 그래서 denaturing electrophoresis라고 부르기도 한다.

SDS는 변성된 단백질의 소수성 부위와 일정한 비율로 결합함으로써 모든 시료 단백질을 일정한 charge/mass 비율 및 균일한 모양이 되도록 한다. 따라서 SDS-PAGE에서는 단백질이 온전히 크기에 따라 분리된다. 그러므로 단백질의 분자량 결정에 이용할 수 있다. 일반적으로 SDS-PAGE는 discontinuous gel electrophoresis 형태로 실행하며, 전기영동 시스템의 모든 구성 요소에 SDS가 포함된다. 반면 3차 구조를 유지하고 있는 천연 단백질(native protein)을 분리하기 위해서는 SDS가 없는 polyacrylamide 젤을 이용한 native PAGE를 수행하여야 한다.

SDS-PAGE를 통하여 분리한 단백질은 다양한 방법으로 염색하여 검출한다. 가장 많이 쓰이는 염색 염료는 Coomassie brilliant blue로서 단백질을 파란색으로 염색시킨다. Coomassie brilliant blue 염색을 이용하여 약 1 μg 정도의 단백질을 검출할 수 있다. 은염(silver salt)을 이용한 silver staining 방법은 약 10 ng 정도의 단백질을 검출할 수 있다. 형광 염료를 이용하여 단백질을 검출하는 방법도 있다.

※ 젤 거름 크로마토그래피와 SDS-PAGE에서 단백질의 이동이 어떻게 다르고, 그 이유는 무엇인지 생각해 본다.

3 시약/시료 및 기기

시약/시료

① 30% 아크릴아마이드 혼합액[Acrylamide mix; 29% (w/v) acrylamide and 1% (w/v) N,N-methylene- bis-acrylamide in deionized water], 갈색병에 담아서 상온 보관

② 10% 도데실황산나트륨 용액(sodium dodecyl sulfate, SDS), 상온 보관

③ 10% 과황산암모늄 용(ammonium persulfate)액, 4°C 보관

④ TEMED (N,N,N′,N′-tetraethylethylenediamine)

⑤ 젤 제작용 완충 용액; 1.5 M Tris (pH 8.8), 1.0 M Tris (pH 6.8)

⑥ 전기영동 완충 용액; 25 mM Tris, 250 mM glycine, 0.1% SDS, pH 8.3

⑦ 2×gel-loading 완충 용액; 100 mM Tris-Cl (pH 6.8), 200 mM dithiothreitol, 4% SDS, 0.2% bromophenol blue, 20% glycerol

⑧ 착색 용액 (1 L); 1 g Coomassie Brilliant Blue R-250, 450 mL methanol, 450 mL H$_2$O, 100 mL acetic acid

⑨ 탈색 용액 (1 L); 100 mL methanol, 800 mL H$_2$O, 100 mL acetic acid

⑩ 단백질 시료

⑪ 단백질 질량 마커(protein size marker)

기기

① 젤 제작 키트; 유리판(알루미나판), spacer, comb, clamp, gel caster

② 전기영동 장치

③ 전원 공급기

④ 수조/트레이

4 실험 방법

4-1. 전기영동 젤 제작

■ Slab gel 세팅

① 유리판(또는 알루미나판), spacer, comb 등을 70% ethanol을 이용하여 잘 세척하고 건조한다.

② 유리판(또는 알루미나판)의 양쪽에 spacer를 올려놓고, 그 위에 두 번째 유리판을 덮어 조립한다[그림 11-2 (a)].

③ 집게로 조립한 유리판을 조인다[그림 11-2 (b)].

④ 젤 caster에 조립한 유리판을 바닥이 밀착되게 꽂는다[그림 11-2 (c)].

•유리판과 젤 caster의 고무판 사이에 틈새가 없도록 주의해서 꽂는다.

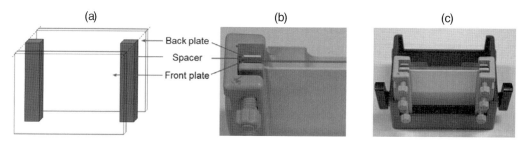

그림 11-2 Slab gel 세팅

■ Resolving gel 제작

⑤ 비커에 물, 30% acrylamide mix, 1.5 M Tris (pH 8.8), 10% SDS, 10% ammonium persulfate를 필요한 양만큼 넣고 섞어서 acrylamide 용액을 만든다.

•10% acrylamide gel, 10 mL

4.0 mL 물

3.3 mL 30% acrylamide mix

2.5 mL 1.5 M Tris (pH 8.8)

0.1 mL 10% SDS

0.1 mL 10% ammonium persulfate

⑥ 4 μL의 TEMED를 acrylamide 용액에 넣고 섞은 후 곧바로 조립해 놓은 유리판 사이에 기포가 생기지 않도록 붓는다[그림 11-3 (a)].

•Stacking gel을 만들 공간을 남겨 둔다.

⑦ 소량의 isobutanol을 acrylamide solution 위에 붓는다.

⑧ 중합 반응에 의해 젤이 형성되어 굳을 때까지 30분 정도 기다린다.

⑨ 젤이 굳으면 isobutanol을 버리고, 젤 표면을 증류수로 수차례 헹군다.

■ Stacking gel 제작

⑩ 비커에 물, 30% acrylamide mix, 1 M Tris (pH 6.8), 10% SDS, 10% ammonium persulfate를 필요한 양만큼 넣고 섞어서 acrylamide 용액을 만든다.

• 5% acrylamide gel, 2 mL

1.4 mL 물

0.33 mL 30% acrylamide solution

0.13 mL 1 M Tris (pH 6.8)

0.02 mL 10% SDS

0.02 mL 10% ammonium persulfate

⑪ 2 μL의 TEMED를 acrylamide 용액에 넣고 섞는다.

⑫ Comb을 꽂고, acrylamide 용액을 resolving 젤 위에 기포가 생기지 않도록 붓는다[그림 11-3 (b)].

⑬ 중합 반응에 의해 젤이 형성될 때까지 30분 정도 기다린다.

⑭ 젤이 굳으면 comb을 제거하고, sample well을 증류수로 헹군다.

(a)

(b)

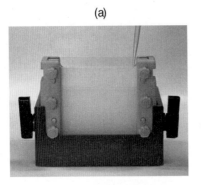
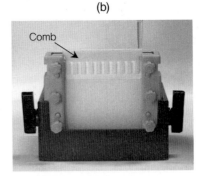

그림 11-3 Resolving 및 stacking gel 제작

4-2. 시료 준비

① 단백질 시료에 같은 부피의 2×gel-loading 완충 용액을 넣고 섞는다.

② 수조를 이용하여 5분간 끓인다.

• Stacking gel이 굳는 동안 시료를 준비한다.

4-3. 전기영동

① 준비된 젤을 집게를 이용하여 전기영동 장치에 설치한다[그림 11-4 (a)].
② 전기영동 완충 용액을 위, 아래 완충 용액 용기에 채운다[그림 11-4 (a)].
③ Sample well에 피펫을 이용하여 size marker와 단백질 시료를 적재(loading)한다[그림 11-4 (b)].
   • Well이 잘 보이지 않으므로 주의한다.
④ 전극을 전원 공급기에 연결한다.
   • 아래 완충 용액은 양(+)극, 위 완충 용액은 음(−)극에 연결한다.
⑤ 전압을 8 V/cm로 설정하고 전원 공급기를 켜서 전기영동을 시작한다.
⑥ 추적 염료(bromophenol blue)가 resolving 젤로 들어가면 전압을 15 V/cm로 올려서 전기영동을 계속한다.
⑦ 추적 염료가 거의 젤 바닥에 도달하면 전원 공급기를 꺼서 전기영동을 마친다.

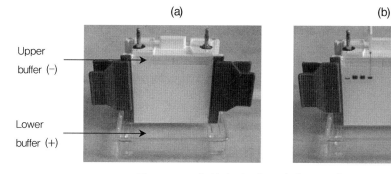

(a)   (b)

Upper buffer (−)

Lower buffer (+)

그림 11-4 젤 설치 및 시료 적재(loading)

4-4. 단백질의 검출

① Coomassie brilliant blue staining 용액을 트레이에 담아 준비한다.
② 전기영동이 끝난 젤을 유리판에서 떼어 내서 staining 용액에 담근다.
③ 20분 동안 흔들어 주면서 단백질을 염색한다.
④ Destaining 용액을 트레이에 담아 준비한다.
⑤ 젤을 staining 용액에서 꺼내어 destaining 용액에 담그고 흔들어 준다.
⑥ Destaining 용액을 교체해 주면서 젤을 탈색시킨다.

• 젤이 깨끗이 탈색되어 단백질 밴드가 잘 보일 때까지 탈색한다.

4-5. 단백질의 분자량 결정

① 단백질 시료 및 **size marker** 단백질의 이동도(mobility)를 결정한다.

$$이동도(mobility) = \frac{distance\ of\ protein\ migration}{distance\ of\ dye\ migration}$$

② **Size marker** 단백질의 이동도와 분자량의 **log**값을 이용하여 표준 곡선을 그리고, 직선의 식을 구한다.

③ 미지 단백질의 이동도를 결정하고, 직선의 식에 대입하여 단백질의 분자량을 계산한다.

5 참고 문헌

[1] Bollag DM, Rozycki MD, Edelstein SJ (1996) Protein Methods 2nd edn. New York: Wiley-Liss, Inc.

[2] Cooper TG (1977) The Tools of Biochemistry 1st edn. New York: John Wiley and Sons, Inc.

[3] Sambrook J, Fritsch EF, Maniatis T (1989) Molecular Cloning-A laboratory manual 2nd edn. Cold Spring Harbor: Cold Spring Harbor Laboratory Press.

6 실험 결과 보고서

학과 —————— 학번 —————— 성명 ————— 교수명 —————

서론 (Introduction) • 실험의 목적과 이론적 배경을 이해하고 기술한다.

재료 및 방법 (Materials & Methods) • 사용한 재료 및 실험 방법에 대해 기술한다.

실험 결과 (Results)

• 조별 수행한 실험 결과에 대해 기술한다.

논의 (DIscussion)　　　　• 결과에 대한 생물학적 의미와 개별/조별 논의에 대해 기술한다.

12장

Western blot

1 학습 목표

- 항원(antigen)과 항체(antibody)를 이해한다.
- 항원-항체 반응을 이용한 단백질 검출 원리를 이해한다.
- Western blot 방법을 이용한 단백질 분석 방법을 습득한다.

2 이론

2-1. 항원-항체

고등 동물은 외부의 침입으로부터 스스로를 방어하기 위한 면역 체계를 가지고 있다. 면

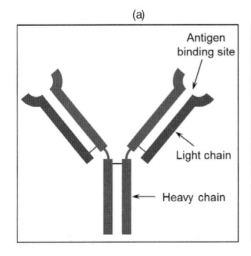
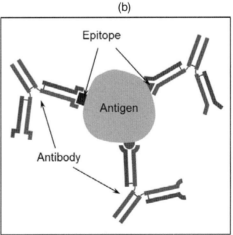

그림 12-1 (a) 항체(antibody) (b) 항원(antigen)

역 체계는 외래 물질이 체 내로 들어오면 이에 대응하기 위해 항체(antibody)를 생산한다. 항체는 면역 반응에 관여하는 면역 글로블린(immunoglobulin)이다[그림 12-1 (a)]. 면역학적 실험에는 주로 immunoglobulin G(IgG)가 사용된다. 항체 생산을 야기하는 외래 물질을 항원(antigen)이라 하고, 단백질, 다당류, 핵산 등 다양한 고분자 화합물이 항원으로 작용한다. 항체는 항원을 특이적으로 인지하고 결합하지만, 고분자 항원 전체를 인지하지 않고 항원의 특정 부위를 인지하고 결합한다. 항원-항체 반응은 매우 특이적이다. 항체가 인지하는 항원의 특정 부위를 항원 결정기(antigenic determinant 또는 epitope)라고 한다. 대부분의 경우 항원에는 여러 개의 항원 결정기가 존재한다[그림 12-1 (b)].

실험에 쓰이는 항체는 항원을 쥐, 토끼, 양 등의 실험동물에 주입하여 생산한다. 항원을 실험동물에 주입하면 면역 반응에 의해서 항체가 생산되어 혈액 내에 존재한다. 항체를 얻기 위해 실험동물의 혈액을 채취하여 혈청을 분리한다. 항체는 혈청에 녹아 있다. 항원에는 여러 개의 항원 결정기가 있으므로 여러 종류의 항체들이 생산되어 혈청에 존재한다. 하나의 항원을 인지하는 여러 종류의 항체가 혼합되어 있는 항체를 다클론 항체(polyclonal antibody)라고 한다[그림 12-2 (a)]. 혈청을 항원-항체 반응을 이용한 실험에 직접 사용하기도 하고, 혈청으로부터 항체를 분리하여 실험에 사용하기도 한다. 항원에 있는 하나의 특정

(a)

(b)

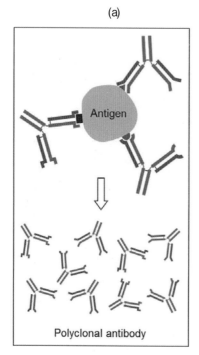
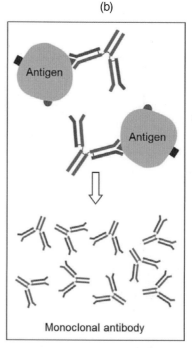

그림 12-2 (a) 다클론 항체(polyclonal antibody) (b) 단일 클론 항체(monoclonal antibody)

항원 결정기에 대한 항체는 하이브리도마(hybridoma) 기법을 이용하여 하나의 항체 생산 세포를 분리하여 배양하고, 여기에서 생산된 항체를 얻는다. 이러한 항체를 단일 클론 항체(monoclonal antibody)라고 한다[그림 12-2 (b)].

2-2. Western blot

생화학 연구에서 흔히 요구되는 일 중 하나는 여러 가지 단백질이 섞여 있는 혼합 시료로부터 목표 단백질을 특이적으로 검출하는 것이다. 이 목적에 사용하는 실험 기법으로 항원-항체 반응의 특이성을 이용하여 단백질을 검출하는 방법들이 있다.

Western blot(또는 immuno blot)은 항체를 이용하여 고체 지지체에 고정된 목표 단백질을 특이적으로 검출하는 방법이다. 목표 단백질에 대한 다클론 항체와 단일 클론 항체를 모두 Western blot에 이용할 수 있다. Western blot은 목표 단백질에 대한 특이성뿐만 아니라, 단백질 검출 방법의 감도가 전기영동에서 주로 단백질의 검출에 사용하는 방법보다 훨씬 민감하기 때문에 아주 소량의 단백질도 검출이 가능하다. 따라서 Western blot은 혼합 단백질 시료에서 목표 단백질의 발현 분석이나 정량적 분석에 널리 사용된다.

※ Western blot에 다클론 항체와 단일 클론 항체를 사용할 때의 장단점을 생각해 본다.

단백질을 Western blot으로 분석하기 위해서는 목표 단백질을 인지하는 1차 항체(first antibody)가 필요하다. Western blot에서 목표 단백질과 반응하는 항체를 1차 항체라고 한다. 1차 항체는 일반적으로 쥐나 토끼를 이용하여 제작한다. 단백질의 검출을 위하여 효소가 접합되어 있는 2차 항체(second antibody)를 사용한다. 1차 항체와 반응하는 항체를 2차 항체라고 한다. 2차 항체는 토끼(또는 쥐)의 IgG를 다른 종의 실험동물(양 등)에 주입하여 생산하고, 여기에 검출을 위한 효소를 접합하여 제작한다. 2차 항체에 접합하는 효소는 horse radish peroxidase, alkaline phosphatase 등이 있다.

Western blot을 위해 우선 단백질 시료를 전기영동(SDS-PAGE 등)을 통하여 분리한 후 젤로부터 단백질을 고체 지지체로 옮겨 고정한다[그림 12-3 (a)]. 고체 지지체로 nitrocellulose, PVDF, nylon membrane을 사용한다. 단백질 시료가 고정된 막에 1차 항체를 처리하여 목표 단백질과 반응시킨 후 결합하지 않은 1차 항체는 씻어낸다. 2차 항체를 처리하여 목표 단백질과 결합한 1차 항체에 반응시킨 후 결합하지 않은 2차 항체는 씻어낸다. 2차 항체에 접합된 효소의 기질을 첨가하여 발색시켜 목표 단백질을 검출한다[그림 12-3 (b)]. Western blot은 항원-항체 반응의 특이성으로 인해 혼합 단백질 시료로부터 목표 단백질을 선택적으로 검출할 수 있다[그림 12-3 (c)].

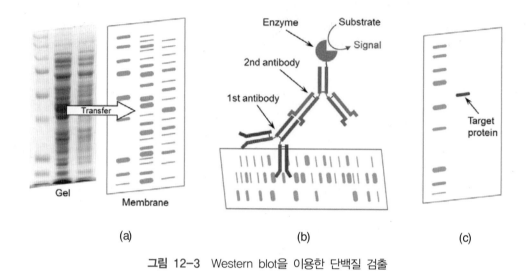

(a) (b) (c)

그림 12-3 Western blot을 이용한 단백질 검출

3 시약/시료 및 기기

시약/시료

① Polyvinylidene difluoride(PVDF) membrane/거름종이(Whatman 3MM paper)

② Transfer 완충 용액 (1 L); 1.93 g Tris base (15.6 mM), 9 g glycine (120 mM) in water

③ Tris-buffered saline(TBS); 10 mM Tris-Cl (pH 7.5), 150 mM NaCl

④ Blocking solution; 5% nonfat dry milk in TBS

⑤ 1차 항체; Anti-His tag mouse antibody(또는 목표 단백질에 대한 항체),
1 : 500~1 : 1,000 dilution with blocking solution

⑥ 2차 항체; Horse radish peroxidase(HRP)-conjugated anti-mouse IgG goat antibody,
1 : 5,000 dilution with TBS containing 3% nonfat dry milk

⑦ HRP 발색 시약; 1 mL chloronaphthol solution (30 mg/mL in methanol)
10 mL methanol
50 mL TBS
10 μL 30% hydrogen peroxide (H_2O_2)

⑧ SDS-PAGE를 통해 분리한 단백질 젤; 10장의 His-tag 융합 단백질 시료 분리한 젤

기기

① Transfer 카세트

② Electric transfer 장치/전원 공급기

③ 플라스틱 트레이

④ 진탕기(shaker)/교반기

4 실험 방법

4-1. Transfer

① SDS-PAGE를 통해 분리한 단백질 젤(10장에서 분리한 His-tag 융합 단백질 젤)을 transfer 완충 용액에 15~20분 동안 담가 둔다.
   - 실험하는 동안 비닐장갑을 착용한다
   - SDS-PAGE 젤의 stacking 젤은 제거하고 resolving 젤만 사용한다.

② PVDF막, 거름종이를 잘라서 transfer 완충 용액에 담가서 적신다.
   - 막, 거름종이는 젤보다 조금 크게 잘라서 준비한다.
   - PVDF막은 메탄올에 담가서 몇 초 동안 적신 후 꺼내서 transfer 완충 용액에 담근다. 2~3분 동안 transfer 완충 용액에 담가 두고 마르지 않도록 주의한다.

③ Transfer 카세트의 한쪽 면을 transfer 완충 용액에 담그고, 그 위에 젤, 막, 거름종이 등을 아래 그림의 순서대로 얹는다[그림 12-4 (a)]. Transfer 카세트의 반대쪽 면을 덮

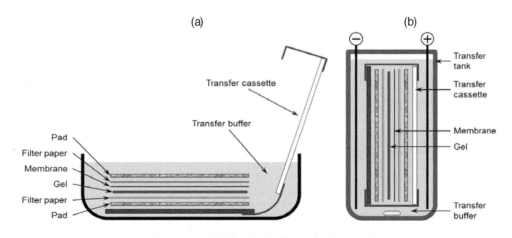

그림 12-4 단백질 시료의 젤로부터 막으로 이동

어서 조립한다.
- 젤, 막, 거름종이, 패드 사이에 기포가 생기지 않도록 주의한다.

④ 조립한 카세트를 transfer 완충 용액이 담긴 transfer tank에 담근다[그림 12-4 (b)].
- 단백질은 음전하를 띠므로 막이 양(+)극 쪽으로 향하도록 설치한다.

⑤ 전극을 전원 공급기에 연결한다[그림 12-4 (b)].

⑥ 전압을 100 V로 맞추고 전원을 켜서 1시간 동안 transfer한다.
- 자석막대를 넣고 transfer하는 동안 교반한다.
- Transfer하는 동안 발생하는 열을 식히기 위해 저온실에서 실행한다.

4-2. 항원-항체 반응을 이용한 목표 단백질 검출

① Transfer 카세트로부터 PVDF막을 핀셋을 이용하여 꺼내서 플라스틱(또는 유리) 트레이에 담는다.

② 막이 잠길 정도로 blocking solution을 첨가하고 30분에서 1시간 정도 약하게 흔들어 준다.

③ Blocking하는 동안 1차 항체(Anti-His tag mouse antibody)를 준비한다.
- Anti-His tag mouse antibody; 쥐에서 얻은 His-tag에 대한 항체
- 실험 목적에 따라 별도의 목표 단백질에 대한 항체 사용 가능

④ Blocking solution을 제거한 후 TBS로 3번 가볍게 헹군다.

⑤ 1차 항체 용액을 첨가하고 1시간 이상 약하게 흔들어 준다.
- 목표 단백질과 1차 항체가 반응하여 결합한다.
- 검출 감도를 향상시키기 위해서 밤새 항원-항체 반응을 시킬 수도 있다.

⑥ 1차 항체 용액을 제거한다.

⑦ TBS를 넣고 10분간 세척하여 반응하지 않은 1차 항체를 제거한다. 세척 과정을 두 번 반복한다.

⑧ 세척하는 동안 2차 항체를 준비한다.
- Horse radish peroxidase(HRP)-conjugated anti-mouse IgG goat antibody; 염소에서 얻은 쥐 IgG에 대한 항체-HRP 접합
- 실험 목적에 따라 HRP 외에 다른 효소가 접합된 항체 사용 가능

⑨ 2차 항체 용액을 첨가하고 1시간 이상 약하게 흔들어 준다.
- 1차 항체와 2차 항체가 반응하여 결합한다.

⑩ 2차 항체 용액을 제거한다.

⑪ TBS를 넣고 **30**분간 세척하여 반응하지 않은 **2**차 항체를 제거한다. 세척 과정을 세 번 반복한다.

⑫ **HRP** 발색 시약을 준비한다.

⑬ **TBS**를 제거하고, **HRP** 발색 시약을 막에 첨가한다.

⑭ 목표 단백질 밴드가 발색될 때까지 약하게 흔들어 준다.

- 효소 반응에 의해 발색되는지 관찰하고, 충분히 발색되면 반응을 중지한다.
- 발색되는 데 **5~30**분 정도 소요된다.

⑭ 증류수로 **30**분간 세척하여 반응을 중지시킨다. 세척 과정을 세 번 반복한다.

5 참고 문헌

[1] Bollag DM, Rozycki MD, Edelstein SJ (1996) Protein Methods 2nd edn. New York: Wiley-Liss, Inc.

[2] Cooper TG (1977) The Tools of Biochemistry 1st edn. New York: John Wiley and Sons, Inc.

[3] Sambrook J, Fritsch EF, Maniatis T (1989) Molecular Cloning-A laboratory manual 2nd edn. Cold Spring Harbor:Cold Spring Harbor Laboratory Press.

6   실험 결과 보고서

학과 _____ 학번 _____ 성명 _____ 교수명 _____

서론 (Introduction)   • 실험의 목적과 이론적 배경을 이해하고 기술한다.

재료 및 방법 (Materials & Methods)   • 사용한 재료 및 실험 방법에 대해 기술한다.

실험 결과 (Results)

• 조별 수행한 실험 결과에 대해 기술한다.

논의 (Discussion)

• 결과에 대한 생물학적 의미와 개별/조별 논의에 대해 기술한다.

13장

2-Dimentional Gel Electrophoresis (2-DE)

1 학습 목표

- 단백질의 양성 전해질과 등전점(pI)을 이해한다.
- Iso-electric focusing(IEF)을 이해하고, 단백질을 분리하는 목적에 대해 고찰한다.
- 2차원 전기영동을 이해하고, proteomics의 기본 개념을 이해한다.

2 이론

Proteomics는 특정 조건에서 생명체가 가지는 전체 단백질의 종류와 분포, 양 등을 전체적으로 연구하는 기법으로, 다양한 다른 -omics(genomics, transcriptomics 등)와 마찬가지로 오믹스 학문 세계를 이룬다. 1995년 Marc Wilkins에 의해 처음 발표된 이후 비약적인 발전이 이루어져 왔다.

Proteomics 연구 방법은 특정 상태에 있는 단백질을 2차원 전기영동(2-dimensional gel electrophoresis, 2-DE)이나 액체 크로마토그래피 방법으로 단백질을 분리한 다음, 단백질을 트립신과 같은 가수 분해 효소로 자른 후 고성능 질량 분석기(MALDI-TOF/TOF 또는 LC-MS/MS)를 이용하여 각각의 이온과 질량으로 단백질을 확인하는 방법이다.

단백질을 분리하는 방법에는 여러 가지가 있지만, 1990년대부터 IEF와 11장의 SDS-PAGE를 병용하여 하나의 젤에 2차원으로 분리하는 방법인 2차원 전기영동(2-DE)을 많이 사용하고 있다. IEF를 통해 다량의 단백질 혼합물을 등전점(isoelectric point, pI)에 따라 1차원적으로 분리하고 분리된 단백질이 있는 gel strip을 SDS-PAGE를 수행하여 2차원으로

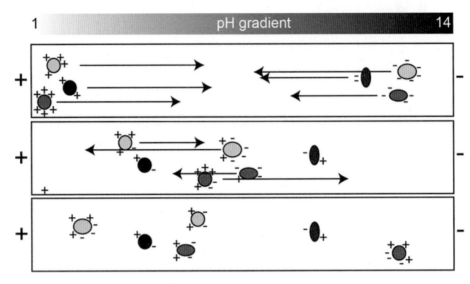

그림 13-1 Iso-Electric Focusing

단백질을 분리하면, 단백질이 밴드가 아닌 점으로 평면상에 표현되게 된다.

IEF(그림 13-1)는 단백질들이 가지는 고유의 pI에 따라 단백질들을 분리하는 전기영동 방법이다. 단백질은 양전하와 음전하를 모두 가지는 ampholyte이며, 단백질의 알짜 전하 (net charge)는 이들 양전하와 음전하의 합으로 구할 수 있고 주변의 pH에 따라 달라진다.

단백질의 알짜 전하가 0이 되는 pH값을 구할 수 있다. 다시 말해, pI는 그 단백질의 알짜 전하가 0이 되는 특정 pH를 말한다. 그림 13-1에서와 같이 각기 다른 성질의 단백질들은 pH 기울기가 있는 매체 위에서 강한 전압의 전기장이 걸리면 자신의 pI에 맞는 위치로 이동하게 된다.

이와 같이, 알짜 전하가 양전하인 단백질은 음극 쪽으로 알짜 전하가 0이 될 때까지 이동을 하게 되고, 알짜 전하가 음전하인 단백질은 양극 쪽으로 알짜 전하가 0이 될 때까지 이동하게 된다. 만약 단백질이 분산되어 있다 해도, 단백질의 pI값과 일치하는 pH에 모여 결국 단백질들이 'focusing' 되는 효과가 있다.

이러한 단백질 focusing 효과를 위해 IEF는 적어도 1,000 V 이상의 영역에서 수행하여야 한다. 그리고 IEF가 이루어지는 젤이 길수록 전압은 높아야 제대로 된 focusing이 이루어진다. 단백질을 pI에 따라 적절히 분리하기 위해서 IEF는 단백질을 적절하게 변성한 다음 진행해야 하는데, 단백질의 완전한 변성과 용해는 필수적이다. 이를 위해서 단백질들을 urea와 detergent 혼합 용액으로 녹이게 된다. 일반적으로 생화학 실험에 사용되는 시약들 중에 IEF에서는 사용할 수 없는 것들이 있다. Tris의 농도가 높아도 안 되며, 특히 단백질 시료 준비에 자주 쓰이는 ionic detergent(SDS 등)는 IEF에 사용해서는 안 된다. IEF를 하

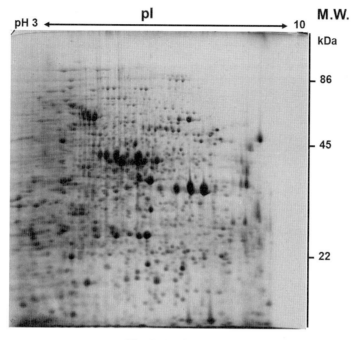

pH 3 ◄—— pI ——► 10   M.W.

kDa

— 86

— 45

— 22

그림 13-2 2-DE image

기 위해서는 원하는 단백질을 분리하기 위해 **pH gradient**의 범위를 선택해야 한다. 일반적으로 사용되는 pH 범위는 4~7과 3~10이며, 좀 더 자세한 영역의 단백질을 분리하기 위해 **narrow range pH gradient**를 사용하는 경우도 있다(**eg.** 3.5~4.5 등).

　IEF에 의해 **gel strip** 상에서 분리된 단백질을 젤 상태의 **SDS-PAGE**를 수행하기 전 **equilibration step**을 필수적으로 거쳐야 한다. 이 과정은 **gel strip** 내의 단백질을 SDS가 포함된 완충 용액에 침윤시키는 과정이다.

3　시약/시료 및 기기

🧪 시약/시료

① Rehydration buffer (8 M urea, 2% CHAPS, 1% DTT, bromophenol blue 약간)

② 아세톤 (20°C 보관)

③ 0.25% agarose

④ SDS-PAGE running buffer (젤당 60 mL) (조성은 11장과 동일)

⑤ Equilibration buffer[50 mM Tris (pH 8.8), 6 M urea, 30% glycerol, 2% SDS]

⑥ Mineral oil

🧪 기기

① IEF system

② Strip holder

③ IPG strip gel

④ Protein gel caster set (18 cm, Bio-Rad), Bio-Rad의 PROTEAN II XI cell은 2-DE 단백질 분석에 많이 사용되는 전기영동 장치이다(Bio-Rad home page 참조).

4 실험 방법

4-1. 아세톤 침전

① 적정량의 단백질을 준비한다(보통 300~500 μg, 준비된 단백질 혼합 용액은 SDS를 최대한 쓰지 말아야 하며, Tris의 농도도 높지 않아야 한다).

② 준비된 단백질 혼합 용액의 4배 부피의 아세톤을 첨가한 뒤 10초 동안 섞어준 후 1시간 동안 냉동실에서 보관한다.

③ 원심 분리(15,000 g, 20분) 후 상층액을 잘 따라내어 버린 뒤 침전물에 불순물이 들어가지 않도록 조심해서 공기 중에서 말린다.

4-2. IEF

① Strip holder마다 완충 용액의 용량이 다르므로 주의해서 단백질 시료에 rehydration buffer를 첨가하되, 300 μg의 단백질이 충분히 녹아야 한다. 18 cm strip 기준 160 μL 정도가 적당하다.

② 그림 13-3처럼 완충 용액을 holder에 조심스럽게 충전한 다음 strip gel의 안전 cover를 때어낸 뒤 (−) 쪽을 손으로 잡고 (+) 쪽부터 조심스럽게 덮는다.

③ Strip gel 아래에 거품이 생겼다면, tip 등을 이용해서 제거한 다음, mineral oil을 도포한 후 holder cover를 덮는다.

④ 준비된 strip holder를 IEF 시스템에 올려 전원을 켜고 적절한 조건으로 프로그램하여 IEF를 실행한다.

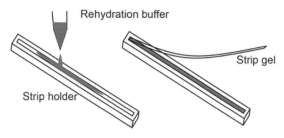

그림 13-3 Strip gel을 준비하는 과정

- 제조사마다 strip gel의 크기와 운용 조건이 조금씩 다르므로 각 제조사에서 제공된 조건에 맞추어 프로그램하는 것이 좋다.

4-3. Gel casting & polymerization of SDS-polyacrylamide gel

① Gel caster를 이용하여 슬랩젤을 준비한다(11장 참조).

② 젤 용액(60 mL)을 11장과 같이 준비하여 천천히 붓는다.

③ Isobutanol을 젤 용액 위에 부어 마르지 않도록 하고, 공기에 의한 산화를 방지하고, 표면이 고르게 형성되도록 한다. 이는 2-DE 결과에 많은 영향을 미친다.

4-4. Equilibration

① Equilibration 용액 10 mL에 DTT를 1% 농도가 되도록 첨가한 후 시험관에 붓는다.

② 미리 준비된 IPG strip gel을 equilibration 용액에 넣고 parafilm으로 밀봉한 후 10분 동안 흔들어준다.

③ 두 번째 equilibration 용액을 10 mL 준비하여 시험관에 붓고 2.5% iodoacetamide와 약간의 bromophenol blue를 첨가한 다음 gel strip을 옮긴다. 마찬가지로 parafilm으로 감은 후 10분 동안 흔들어준다.

4-5. SDS-PAGE

① 준비된 PAGE 젤 상부의 물기를 제거하고 strip을 조심스럽게 칼이나 스패츌러 등으로 밀어 넣는다.

② 0.25% agarose를 전자레인지에 미리 한 번 끓여서 5 mL 정도 붓고 굳힌다(stacking gel은 따로 만들지 않는다).

③ Caster를 조립하고 running buffer를 upper reservoir에는 400 mL, down tank에는

1,300 mL를 채우고 전기영동을 시작한다.

Running Time;   10 mA → 30분

20 mA → 1시간

30 mA → 4시간

Dye와 glycerol이 빠진 것을 확인하고 조심스럽게 caster로부터 gel을 분리한 뒤, gel strip을 제거하고 11장의 SDS-PAGE와 같이 염색한다.

■ 실험 시 기타 주의 사항

IEF 과정에서 여러 가지 이유로 그림 13-4 (a)와 같이 streak이 일어날 수 있다. 주로 SDS의 유무, Tris의 농도가 높거나, 단백질이 rehydration buffer에 잘 녹지 않았거나 등의 이유로 IEF가 잘 되지 않은 경우이다.

그림 13-5와 같은 vertical gap의 원인은 strip gel이 SDS-PAGE 젤 상부에 부착할 때 거품 등이 끼어서 strip gel로부터 단백질이 SDS-PAGE로 잘 전달되지 않았기 때문이다.

(a)   (b)

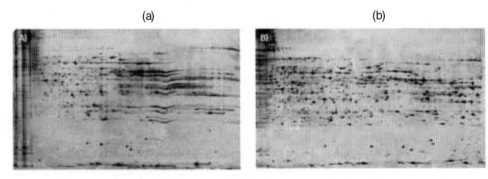

그림 13-4

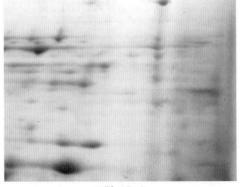

그림 13-5

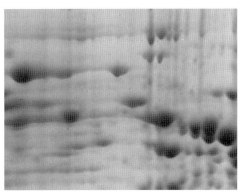

그림 13-6

그림 13-6과 같이 gel에 산 모양이 보이는 이유는 gel을 굳힐 때 용액을 너무 천천히 부었거나, gel caster 아래로 젤이 조금씩 새어 나갔을 때 보이는 현상이다.

5 참고 문헌

[1] Bollag DM, Rozycki MD, Edelstein SJ (1996) Protein Methods 2nd edn. New York: Wiley-Liss, Inc.

[2] 한국인간프로테옴기구출판위원회 (2007) Methods in Proteomics. EPUBLIC

6 실험 결과 보고서

학과 —————— 학번 —————— 성명 —————— 교수명 ——————

서론 (Introduction)　　　　　　　　　• 실험의 목적과 이론적 배경을 이해하고 기술한다.

재료 및 방법 (Materials & Methods)　　　• 사용한 재료 및 실험 방법에 대해 기술한다.

실험 결과 (Results)

• 조별 수행한 실험 결과에 대해 기술한다.

논의 (DIscussion)

• 결과에 대한 생물학적 의미와 개별/조별 논의에 대해 기술한다.

14장

효소 활성

1 학습 목표

- 유전자 발현 검사 및 형질 전환 시에 많이 사용되는 lacZ를 이해하고 발현을 확인하는 방법을 배운다.
- 온도 변화에 따른 효소의 반응 속도를 비교하고 최적의 온도를 알아낸다.
- 효소의 K_m값을 이해하고 계산하는 방법을 배운다.

2 이론

효소는 생화학 반응에 있어 에너지 장벽에 요구되는 활성 에너지의 양을 낮추어줌으로써 반응이 빨리 일어나게 하는 촉매 작용을 하는 단백질로, 한 개 또는 그 이상의 기질을 사용하여 새로운 산물을 만드는 물질이다. 효소는 기질과 결합하여야 하며, 대부분의 경우 공유 결합이 아니라 수소 결합이나 이온 결합 등에 의해 약한 결합을 하고 있다. 이러한 약한 결합이 많은 부분에서 일어나므로 매우 강한 결합을 보이게 된다. 이는 기질이 마치 자물쇠에 있는 열쇠와 같이 많은 부위에서 효소와 결합하며 정확히 맞아야 함을 의미한다. 이와 같이 효소와 기질의 배열이 상보적인 것을 효소의 특이성(specificity)이라 한다. 일반적으로 하나의 효소는 하나의 화학 반응만을 촉매하고, 이때 매우 상보적인 결합을 하는 기질을 사용한다.

효소의 활성은 온도와 수소 이온 농도(pH)의 변화에 매우 큰 영향을 받으며, 이는 효소의 3차 구조에 영향을 주어 상보적인 결합을 바꾸기 때문이다. 단백질의 3차 구조는 다양한 비공유 결합에 의하여 이루어지고, 이는 온도의 변화나 pH의 변화에 의해 쉽게 깨어질 수 있고 잔기의 이온화 정도에 영향을 준다. 따라서 각 효소는 특정 온도와 pH에서 3차 구

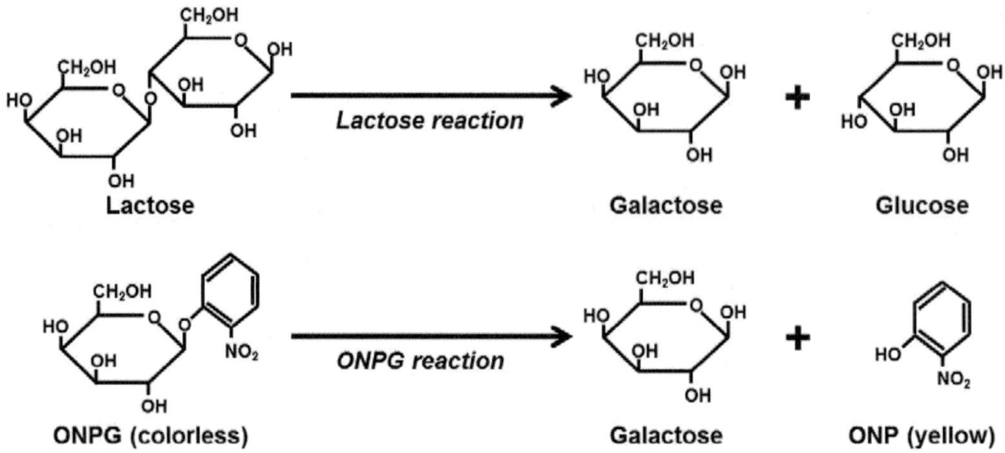

그림 14-1 Lactose 분해 반응과 ONPG 분해 반응

조를 형성하여 효소 활성이 매우 높게 나타나지만, 이들에게서 변화가 있을 경우 구조가 변형되어 활성이 감소하게 된다. Fumarase는 pH 7.5에서 최대의 활성을 보이지만, 펩신은 pH 1~2에서 최대의 활성을 보이는 것은 이 때문이다.

β-Galactosidase는 lactase, beta-gal 또는 β-gal이라고도 불리며, Lactobacillus fermentum, Lactobacillus acidophilus, 대장균 등이 이 효소를 가지고 있다. 이 효소는 유제품에 있는 젖당을 가수 분해하여 포도당과 갈락토스를 생산하는 가수 분해 효소이다(그림 14-1). β-Galactosidase의 가수 분해 반응 또한 온도와 pH 조건에 따라 매우 다르다. β-Galactosidase의 생화학적 특성은 효소를 가지고 있는 생물체에 따라 다양하다. 가장 크고 잘 알려져 있는 효소는 대장균에서 유래한 것으로 520에서 850 kDa의 크기를 가진다. 효소의 최적 온도는 매우 상이하며 13°C에서 60°C 이상에서까지 촉매 작용을 한다. 젖당이 가수 분해된 산물인 포도당과 갈락토스는 효소의 활성을 감소시키는데, 포도당은 비경쟁적 저해제로 갈락토스는 경쟁적 저해제로서 작용한다.

효소 단위(enzyme unit)란 사용되는 효소의 양을 규정하기 위해 만든 단위이다. 효소 활성의 강도, 즉 일정 조건에서 일정 시간 동안에 효소에 의해 촉매된 반응물의 양으로 규정한다. 단위 시간에서의 반응량을 임의의 단위로 나타내기도 하지만, 보통 1분 동안 1 μmol의 변화를 만들어 내는 단백질 효소의 양을 1단위(1 unit, U)로 한다.

$$\beta\text{-Galactosidase units(specific activity)} = A_{420} \times 1.6 / (0.0045 \times mg\ protein \times time\ in\ min)$$

3 시약/재료 및 기구

🧪 시약/재료

① Breaking buffer [100 mM Tris-HCl (pH 8.0), 1 mM DTT, 20% Glycerol]

② Z buffer (60 mM Na$_2$HPO$_4$, 40 mM NaH$_2$PO$_4$, 10 mM KCl, 1 mM MgSO$_4$, 50 mM 2-β-mercaptoethanol, pH 7.0)

③ 1 M 탄산 나트륨

④ Orthonitrophenyl-β-D-galactropyranoside(ONPG) 4 mg/mL in Z buffer

🧪 기구

① 온탕기

② 분광 광도계

4 실험 방법

ONPG가 β-Galactosidase에 의해 분해되면 ortho-nitrophenol(ONP)이 형성된다(그림 14-1). 이 생성물은 노란색을 띠고 420 nm 파장에서 최대 흡광도를 보인다. 따라서 420 nm에서 흡광도를 측정하여 β-Galactosidase의 활성을 확인할 수 있다.

4-1. 대장균 배양 및 효소 시료 준비

① 대장균을 37℃에서 500 mL의 LB 배지에 배양한다.

② 4℃에서 7,000 g으로 10분간 원심 분리한 다음, 상등액(배지)은 버리고, 침전물(세포)을 모은다.

③ 대장균을 3 mL의 breaking buffer에 현탁시켜 준다.

④ 초음파 분쇄기(sonicator)로 2분 동안 대장균을 분해시킨다.

⑤ 4℃에서 1,000 g으로 10분간 원심 분리하여 상층액을 모은다.

⑥ 4장에 나와 있는 단백질 정량 방법을 이용하여 단백질을 정량한다.

4-2. 효소 활성 측정

① 1.5 mL 시험 튜브에 50 μg/50 μL 단백질을 넣어 준다.

② Z buffer 200 μL를 넣어 준다.

③ ONPG (4 mg/mL) 50 μL를 넣어 준다.

④ 각각의 온도에서 30분 동안 반응시켜 준다.

⑤ 1 M 탄산 나트륨 50 μL를 넣어 반응을 멈춘다.

⑥ 분광 광도계로 420 nm에서 흡광도를 측정한다.

4-3. 온도에 따른 활성 비교

① 각 조별로 반응시킬 온도를 정한다.

② 기질과 단백질을 '4-2. 효소 활성 측정'과 같이 섞은 후 결정된 온도에서 반응시킨다.

4-4. 효소 반응 속도 분석(Enzyme kinetics analysis)

① 각 조는 실험할 기질의 농도를 정한다(0 μg/mL, 10 μg/mL, 50 μg/mL, 100 μg/mL, 500 μg/mL, 1 mg/mL).

② 50 μL의 기질을 1.5 mL 시험 튜브에 넣은 후 30분간 반응시킨다.

5 참고 문헌

[1] Sambrook, et al. (1989) Molecular Cloning; A Laboratory Manual, Cold Spring Harbor Laboratory, B. p. 14.

6 실험 결과 보고서

학과 _____ 학번 _____ 성명 _____ 교수명 _____

서론 (Introduction)　　　　　　　　• 실험의 목적과 이론적 배경을 이해하고 기술한다.

재료 및 방법 (Materials & Methods)　　　• 사용한 재료 및 실험 방법에 대해 기술한다.

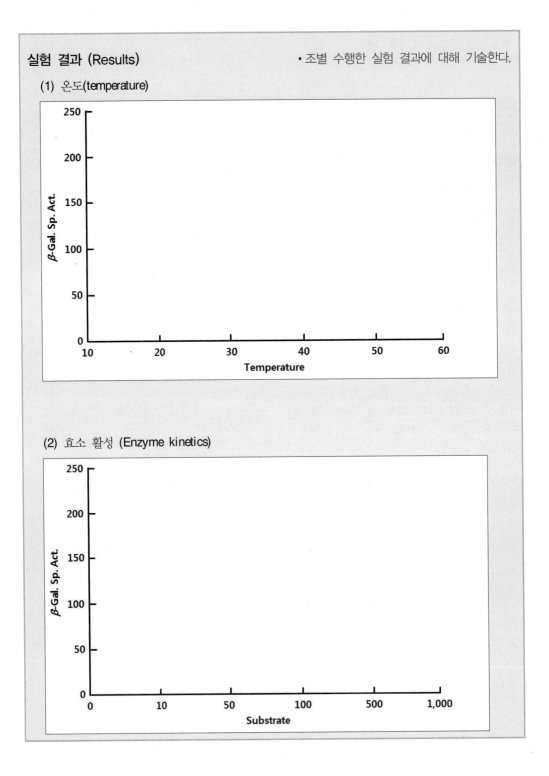

실험 결과 (Results)　　　　　　　　　• 조별 수행한 실험 결과에 대해 기술한다.

(1) 온도(temperature)

(2) 효소 활성 (Enzyme kinetics)

논의 (DIscussion)   • 결과에 대한 생물학적 의미와 개별/조별 논의에 대해 기술한다.

15장

효소 결합 면역 흡착 분석법

1 학습 목표

- 항체와 항원, 수용체와 리간드 그리고 효소와 기질과의 단백질-단백질 상호 작용을 이해한다.
- ELISA의 방법을 이해하고, 진단 시험이 이루어지는 방법을 이해한다.

2 이론

면역 글로블린(immunoglobulin)은 박테리아 또는 바이러스가 몸에 들어올 경우 몸을 보호하기 위해 작용하는 단백질로, 특정 단백질과 결합하는 특징이 있다. 이 면역 글로블린의 특성을 이용하여 특정 단백질의 양을 확인하는 방법 중 하나가 효소 결합 면역 흡착 분석법(Enzyme Linked Immunosorbent Assay, ELISA)이다. 효소가 공유 결합되어 있는 항체를 이용하며, 면역 글로블린은 특이성과 민감도가 좋기 때문에 원하는 단백질과 결합시킨 다음 효소 작용을 이용하여 탐침하게 된다. 정성 분석과 정량 분석이 가능하고, 가격이 비싸지 않으며, 많은 수의 시료를 한 번에 분석할 수 있기 때문에 임상적으로 또는 학문적으로 매우 많이 사용되는 방법이다.

효소는 간단한 기질을 첨가해 주면 발색이 되는 것을 주로 이용하며, Alkaline phosphatase(AP)나 horseradish peroxidase(HRP), β-Galactosidase 등이 많이 사용되고 항체의 fragment crystallizable(Fc) region에 공유 결합으로 결합시켜 사용한다.

ELISA는 방사능 면역 시험법(Radio Immuno Assay, RIA)과 같이 매우 민감한 반응이지만 방사능을 사용하지 않는다는 장점이 있어 사용이 증가되고 있는 방법이다.

2-1. ELISA 방법

ELISA는 현재 네 가지 방법이 있다.

■ Direct ELISA

효소가 직접 결합되어 있는 항체를 사용하는 방법으로, 효소가 결합하고 있는 항체가 항원에 직접 결합하므로 실험이 간단하지만 신호가 약한 단점이 있다.

■ Indirect ELISA

효소가 결합되어 있지 않은 항체(1차 항체)가 항원에 결합하게 한 다음, 이 1차 항체에 또 다른 항체(2차 항체)가 결합하게 한다. 2차 항체에 효소가 결합되어 있어 두 번의 항원-항체 반응을 한 후 효소 반응을 하여 확인하는 방법이다.

2차 항체는 1차 항체의 Fc 부분과 결합한다. 두 번의 항원-항체 반응을 사용하여 신호가 증폭되어 미량 분석에 사용 가능하다. 항원의 정성적, 정량적 분석이 가능하다.

■ Sandwich ELISA

고정되어 있는 곳에 원하는 항원을 인식하는 항체를 먼저 결합시키고, 1차 항체에 항원을 결합시킨 다음, 직접법이나 간접법으로 조사하는 방법이다. 항원의 정성적, 정량적 분석이 가능하다.

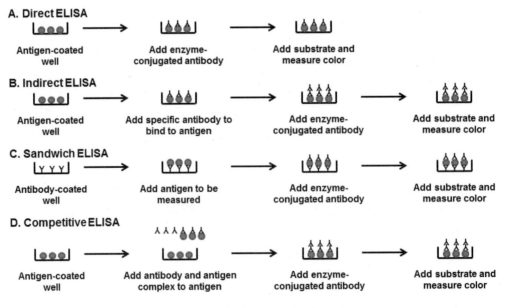

그림 15-1 ELISA 방법

■ Competitive ELISA

항원에 대하여 항체가 경쟁적으로 결합하게 한 후 일정한 항체만 항원에 달라붙게 하고, 효소 반응을 하여 확인하는 방법이다.

항체와 항원을 서로 섞어 준 후, 이를 같은 항원이 붙어 있는 **plate**에 넣어 준 다음 다시 반응시킨다. 먼저 반응에 의해 결합하지 않은 항체는 **plate**에 있는 항원과 결합하게 되기 때문에 **competitive ELISA**라고 한다. 민감도가 매우 높은 방법으로, 혈액이나 세포에서 단백질을 추출한 후 정제되지 않은 표본을 사용할 수 있는 장점이 있다.

3 시약/시료 및 기기

시약/시료

① Lysis buffer [100 mM Tris-HCl (pH 8.0), 1 mM DTT, 20% Glycerol]

② The MaxDiscovery TM β-Galactosidase ELISA Kit; 대부분의 ELISA 분석법과 같이, 이 ELISA Kit도 HRP가 결합되어 있는 1차 항체와 기질로 TMB(3,3′,5,5′-tetramethyl-benzidine)을 사용한다. TMB는 hydrogen peroxide(H_2O_2)에 의해 산화되어 파란색이 되고 산성 용액에서 450 nm에서 최대 흡광도를 보이는 노란색이 된다.

③ β-Galactosidase antibody-HRP Conjugate

④ 1×Wash solution

⑤ Stop buffer

⑥ TMB substrate

기기

① ELISA reader

4 실험 방법

14장에서 사용한 대장균으로부터 얻은 단백질 시료를 사용한다.

① 세포를 4°C에서 10분 동안 3,000 g으로 원심 분리하여 모은다.

② 상층액을 버린다.

③ 200 μL의 lysis buffer를 넣은 후 1분 동안 세포를 파쇄한다.

④ 깨지지 않은 세포와 잔해들을 4°C에서 10분 동안 10,000 g으로 원심 분리하여 단백질을 추출한다.

⑤ 추출된 단백질을 4장에서 다룬 단백질 정량 방법으로 정량한다.

⑥ 단백질의 양을 1.0 mg/mL로 희석하여 준비한다.

⑦ 각각의 표시가 된 튜브에 다음의 용액을 넣는다.

성분	용량
β-Galactosidase antibody-HRP conjugate	100 μL
1×Wash solution	1.5 mL
TMB	100 μL
Stop Buffer	100 μL

⑧ β-Galactosidase standard를 첨가한다(순서, 1 μg/mL, 2 μg/mL, 5 μg/mL, 8 μg/mL, and 10 μg/mL).

⑨ 각 100 μL의 단백질을 첨가한다.

⑩ 각 plate를 37°C에서 한 시간 동안 반응시킨다.

⑪ 각 반응에서 완충 용액를 제거한 다음 well당 250 μL의 세척액으로 3회 세척한다.

⑫ 각각의 well에 100 μL의 1 : 1,000으로 희석된 β-Galactosidase antibody-HRP Conjugate를 첨가한 후 37°C에서 30분간 반응시킨다.

⑬ 완충 용액을 제거한 후 well당 250 μL의 세척액으로 3회 세척한다.

⑭ 100 μL의 TMB 기질을 첨가한 후 상온(20~25°C)에서 15분간 반응시킨다.

• 직접적인 태양빛은 반응에 영향을 주므로 호일로 감싼 후 반응시킨다.

⑮ 각 100 μL의 stop buffer를 첨가하여 반응을 종료시킨다.

⑯ ELISA reader에 450 nm 파장으로 결과물의 흡광도를 측정한다.

5 참고 문헌

[1] Sambrook, et al. (1989) Molecular Cloning; A Laboratory Manual, Cold Spring Harbor Laboratory, B. p. 14.

6 실험 결과 보고서

학과 _____ 학번 _____ 성명 _____ 교수명 _____

서론 (Introduction) • 실험의 목적과 이론적 배경을 이해하고 기술한다.

재료 및 방법 (Materials & Methods) • 사용한 재료 및 실험 방법에 대해 기술한다.

실험 결과 (Results)

• 조별 수행한 실험 결과에 대해 기술한다.

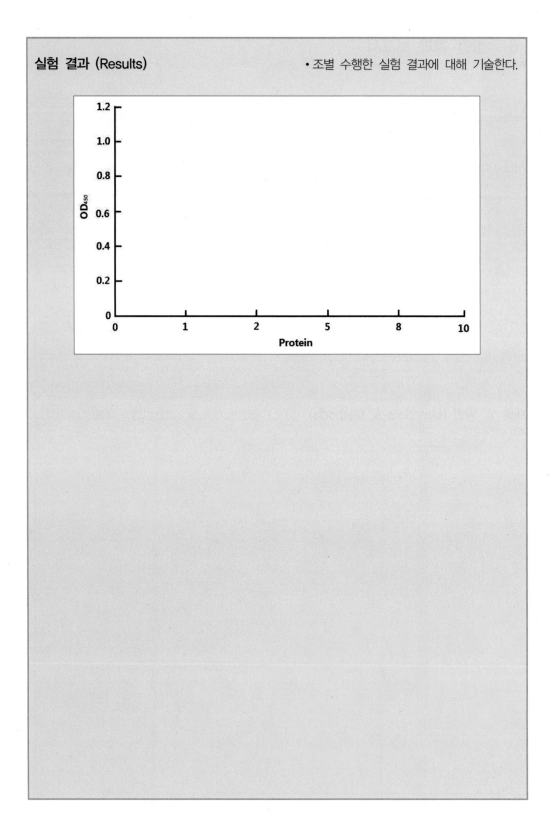

논의 (DIscussion)

• 결과에 대한 생물학적 의미와 개별/조별 논의에 대해 기술한다.

16장

고성능 액체 크로마토그래피

1 학습 목표

- 감도가 좋고 정확한 분석이 가능한 고성능 액체 크로마토그래피(HPLC)를 사용하여 커피에서 카페인을 분리해 봄으로써 HPLC의 원리와 실험 방법, 기기의 명칭 및 기능을 알아본다.
- 다양한 농도의 표준 카페인으로 표준선을 그려 본 후, 커피에 함유되어 있는 카페인의 농도를 알아본다.

2 이론

고성능 액체 크로마토그래피(High Performance Liquid Chromatography, HPLC)는 다양한 물질이 혼합된 시료가 컬럼 안에서 액체 이동상과 고체 정지상 사이를 흐르면서 각각의 단일 성분으로 분리되게 하는 액체 크로마토그래피 기법 중 하나이다. 고압 액체 크로마토그래피(high-pressure liquid chromatography)라고도 한다(그림 16-1).

액체 크로마토그래피 분석법은 지름이 큰 컬럼을 사용하고, 중력 등을 이용하여 이동상의 속도가 늦은 방법으로 분석을 수행함으로써 시간이 많이 걸리고 컬럼이 다양하여 실험실마다 결과에 차이가 있는 단점이 있다. 이를 보완하기 위하여 컬럼의 표준화가 필요하게 되었으며, 고압 펌프의 개발로 인하여 고압의 이동상을 정지상이 있는 컬럼에 보내어 물질을 분석하는 것이 가능하게 되었다. 따라서 HPLC 방법은 표준화된 작은 지름의 컬럼을 사용하여 정량과 정성 분석이 가능하고, 펌프를 이용하여 고압에서 일정한 속도로 이동상을 컬럼에 흘려주기 때문에 다른 크로마토그래피법에 비하여 빠르고 비휘발성 물질과 열에 약한 물질을 분리하기 위해서도 사용이 가능하다.

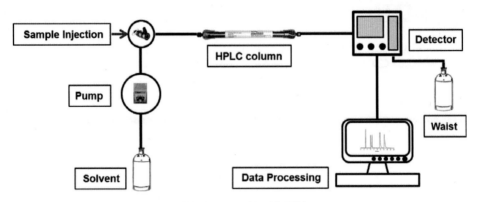

그림 16-1 HPLC의 구성

　HPLC는 기존의 크로마토그래피(젤 여과, 이온 교환, 친화 크로마토그래피)와 비교할 경우 분석률이 좋고 분석 시간이 짧은 데다가(일반적인 혼합물의 경우 대부분 1시간 내에 분석 가능) 아주 적은 양의 시료도 분석이 가능하고(picomole까지 분석 가능) 기기의 자동화가 가능하기 때문에 많은 실험실에서 탄수화물, 지질, 단백질, 펩티드, 아미노산 등의 다양한 화합물을 분리하거나 정제하는 데 사용하고 있다.

　고성능 액체 크로마토그래피는 정상 HPLC(Normal phase HPLC)와 역상 HLPL (Reverse phase HPLC), 이외에 이온 교환 HPLC(Ion-exchange HPLC), 분자 HPLC (Molecular size HPLC)와 소수성 HPLC(Hydrophobic interaction HPLC) 등이 있다. 정상 HPLC는 극성 정지상에 비극성 이동상을 이용하며, 역상 HPLC는 비극성의 정지상을 통과하는 극성의 이동상에 의해 물질을 분리하는 방법이다. 소수성 HPLC는 물질의 소수성 (Hydrophobic interaction) 차이를 이용하여 단백질 등을 분리하는 방법이다. 이온 교환 HPLC는 각 분자가 가지는 전하 차이를 이용하여 물질을 분리하는 방법이며, 분자 HPLC는 불질 분자의 크기에 따라서 물질을 분리하는 방법이다.

　크로마토그래피는 같은 성질의 물질은 잘 섞이는 것을 이용하는 방법이다. 극성은 극성끼리 비극성은 비극성끼리 잘 섞인다. 정지상과 이동상의 극성을 달리 하게 되면 분리하고자 하는 물질이 두 상에 따라 가지는 친화도의 차이에 따라 이동 속도에 차이가 발생하게 되고 이를 이용하여 물질을 분리하게 된다. 이 경우 정지상과 이동상에 어떤 극성을 사용하는지에 따라 정상과 역상 크로마토그래피로 구분할 수 있다. 정상 크로마토그래피는 정지상으로 silica gel과 같은 극성이 높은 물질을 사용하고, 이동상으로 극성이 낮은 유기 용매를 사용한다. 따라서 극성이 낮은 것이 먼저 나오고 극성이 높을수록 나중에 나오게 된다. 이와 반대로 역상 크로마토그래피는 C18 또는 C8과 같이 극성이 낮은 탄화수소를 정지상으로 사용하고 극성이 높은 수용액을 이동상으로 사용하는 방법으로, 극성이 높은 것이 먼저 나오게 된다. 이 역상 크로마토그래피의 장점은 사용할 수 있는 용매가 정상 크로마토그래피보다 다양하며, 분석이 빠르고 용매를 교환할 경우 재평형 시간이 적게 드는 장점이 있다.

이 실험에서는 이와 같이 감도가 좋고 분석 및 분리 능력이 좋은 HPLC를 사용하여 현대인이 많이 소모하는 커피에서 카페인을 분리 및 정량해 보고, 이를 통하여 HPLC의 원리와 실험 방법 등을 이해하고자 한다.

2-1. 정량 분석

■ 내부 표준법

내부 표준물질로서 시료의 어떤 물질과도 분리가 잘 되고, 시료에 포함되어 있지 않은 물질을 이용하는 간접적인 방법이다. 여러 개의 알고 있는 농도의 표준물질을 만들어 미리 피크 넓이의 비와 농도비를 이용하여 정량 곡선을 만든다. 시료에 일정량의 알고 있는 농도의 내부 표준물질을 넣은 다음, 물질과 표준물질의 피크 넓이의 비를 측정하여 이 비로 농도를 구한다. 주입된 혼합물의 양을 정확히 알지 못하여도 되고, 검출기가 바뀌어도 되는 장점이 있다.

■ 외부 표준법

표준물질을 농도에 따라 일정량 주입한 다음 얻은 피크 넓이를 이용하여 정량 곡선을 만들고, 농도를 모르는 시료를 주입하여 피크 넓이를 측정한 다음 정량 곡선에 대비하여 각 물질의 양을 계산하는 방법이다. 분석하는 물질의 양을 정확히 알아야 하고 검출기가 바뀔 때마다 검출되는 감도가 다르기 때문에 새로 정량 곡선을 만들어야 한다.

■ 표준물질 첨가법

내부 표준법과 외부 표준법의 장점을 공유한 방법으로, 시료를 분석한 다음 혼합물에 일정량의 표준물질을 넣어 다시 분석하는 방법이다.

3　시약/시료 및 기기

🧪 시약/시료

① 커피 분말(10 mg)
② 메탄올(methanol)

③ 0.1 % phosphoric acid; methanol(65 : 35 v/v) 혼합 용액

기기

① HPLC 기기

4 실험 방법

① 커피 분말(10 mg)을 메탄올에 녹인다.
② 메탄올 추출 용액(100 μg/mL)을 분리한다.
③ 컨트롤로 2.5 μg/mL, 5 μg/mL, 7.5 μg/mL, 10 μg/mL의 카페인 용액을 만든다.
④ HPLC 기기를 킨 다음 분석 조건을 세팅한다(시료 이름, 조, 이름 등).
⑤ 0.1% phosphoric acid; methanol(65 : 35 v/v) 혼합 용액으로 한 번 씻어준다.
⑥ 시료를 주입한다(0.05 mL 이상).
⑦ Auto Zero를 누른 다음, wait 램프가 꺼지면 injection으로 레버를 돌린다.
⑧ Chromatogram의 모양과 넓이를 확인한다.
⑨ 시료를 순차적으로 주입한다.
⑩ 모든 시료를 실험한 뒤 컨트롤과 비교하여 농도에 따른 피크 넓이를 비교한다.

5 참고 문헌

[1] An JH, Mahat B, Lee B, Park W, Kwon K (2012) Evaluation of the Caffeine Contents in Tea and Coffee by HPLC and Effect of Caffeine on Behavior in Rats. *Kor. J. Clin. Pharm.* 22: 167-175.

6 실험 결과 보고서

학과 —————— 학번 —————— 성명 ———— 교수명 ——————

서론 (Introduction)　　　　　　　　•실험의 목적과 이론적 배경을 이해하고 기술한다.

재료 및 방법 (Materials & Methods)　　•사용한 재료 및 실험 방법에 대해 기술한다.

실험 결과 (Results)　　　　　　　　　　　• 조별 수행한 실험 결과에 대해 기술한다.

• 표준물질(카페인)에 의해 만들어지는 피크의 넓이와 커피에서 만들어지는 카페인의 피크 넓이를 비교하여 카페인의 피크를 확인하고 커피에 있는 카페인의 농도를 계산한다.

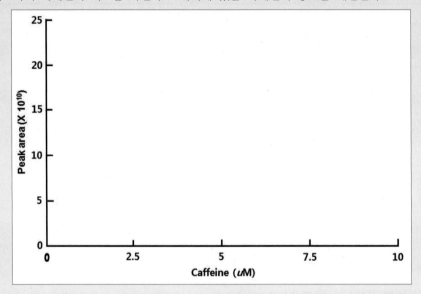

논의 (DIscussion)

- 결과에 대한 생물학적 의미와 개별/조별 논의에 대해 기술한다.

집필 위원 소개

부 성 희
이학박사/생화학
경희대학교 유전공학과/생명공학원

조 만 호
이학박사/생화학
경희대학교 생명공학원

이 상 원
이학박사/생화학
경희대학교 유전공학과/생명공학원/작물바이오텍연구소

김 기 영
이학박사/생화학
경희대학교 유전공학과/생명공학원

구 자 춘
이학박사/식물분자생리학
전북대학교 과학교육학부

`2판`

생화학 실험

2015년 8월 25일 1판 1쇄 펴냄 | 2019년 2월 15일 2판 1쇄 펴냄
지은이 부성희·조만호·이상원·김기영·구자춘 | 펴낸이 류원식 | 펴낸곳 (주)교문사(청문각)

편집부장 김경수 | 책임편집 안영선 | 본문편집 오피에스디자인 | 표지디자인 유선영
제작 김선형 | 홍보 김은주 | 영업 함승형·박현수·이훈섭

주소 (10881) 경기도 파주시 문발로 116(문발동 536-2) | 전화 1644-0965(대표)
팩스 070-8650-0965 | 등록 1968. 10. 28. 제406-2006-000035호
홈페이지 www.cheongmoon.com | E-mail genie@cheongmoon.com
ISBN 978-89-363-1824-6 (93430) | 값 14,000원